川と国土の危機

害と社会

橋 裕
Yutaka Takahasi

Notus

Boreas

Zephyrus

岩波新書
1387

はじめに

二〇一一年の東日本大震災は、日本の国土が先進国のなかで最も自然災害の多い危険な場所であることを、われわれに思い知らせた。〝地震と火山の国〟といわれるように、プレート沈み込み帯に沿って形成された日本列島は、地震と火山活動によって成り立っている。それだけではない。毎年、台風や梅雨末期に、他の温帯に位置する諸国ではまったく経験しないような猛烈な雨が襲いかかる。そのため、水害や土石流、地滑りなどの地盤災害の脅威にさらされる。

このような成り立ちの日本の国土は、山地と丘陵地の占める比率が多く、平野や盆地は約四分の一にすぎない。そしてその狭い平地に、人口の大部分と政治経済の中枢機能が集中している。それらの地域はおおむね臨海部であるから、津波や高潮から守らねばならない宿命にある。

世界一危険な首都・東京

なかでも東京は、先進国のなかで、際立って最も災害を受けやすく、その危険性が多様にして深刻な首都である。

災害リスク評価に関して国際的に評価されているミュンヘン再保険会社によれば、世界各国の主要都市のなかでも東京・横浜の自然災害のリスク指標は七一〇と、群を抜いて高い。このリスク指標は、災害発生危険度、脆弱性(都市の安全対策水準、住宅密度、住宅の構造特性を数量化)、経済影響度(災害時に影響を受ける経済被害の規模)の三つを加算している。東京・横浜に次いでリスク指標が高いのは、サンフランシスコの一六七、ロサンゼルスの一〇〇、大阪・神戸・京都の九二、次いでニューヨークの四二となっている。世界の大部分の都市は、いずれも四〇以下である。

一方、シティバンクによる、環境・災害に強い都市ランキングでは、上位にフランクフルト、モントリオール、ミラノ、ベルリン、パリなどが並んでいるが、東京は七二位ときわめて低い。

東京は江戸時代以降、震度六の地震を六回経験している。一八五五年(安政二)の安政江戸大地震と、一九二三年(大正一二)の関東大地震では、いずれも壊滅的な大被害によって、都市は決定的に崩壊した。前者は直下に震源があり、後者は遠方が震源の巨大地震であった。異なるタイプの地震で一〇〇年足らずの間隔で大被害を受けた大都市は、世界中で東京しかない。

そしてマグニチュード七クラスの直下地震が、今世紀の前半にも発生する可能性がある。東京都防災会議は二〇一二年四月、首都直下地震の被害想定を見直した。その結果、二三区内の大半が震度六強以上になり、もし空気が乾燥し風も強く、火災の被害も大きくなる「冬の午後六時」に発生した場合、都内の死者は約一万人に上るとしている。

次に、火山噴火がある。富士山は歴史上、何百年に一回か噴火を繰り返してきた。一七〇七年（宝永四）の宝永噴火では、現在の神奈川県西部を流れる酒匂川《さかわ》で降灰が原因となって大洪水が発生し、また現在の都心部でも降灰が二センチメートル積もったという。それ以来、富士山は三〇〇年あまり大噴火を起こしておらず、いつかは必ず噴火すると考えられている。もし噴火すれば、その被害は宝永噴火の比ではない。

長野・群馬県境にある浅間山は、一七八三年（天明三）に大噴火した。その際に発生した溶岩流・土石流などは、利根川の河床《かしょう》を下流まで広範囲にわたって上昇させた。利根川は氾濫しやすくなり、洪水が激化した。火山噴出物によって日照時間が激減して天明の飢饉を引き起こし、さらにはフランス革命の原因となったという説さえある。降灰については、富士山噴火と同様な難題があった。

水害という宿命

東京の水害多発も、諸外国の首都に例を見ない。古くは江戸の三大洪水(一七四二年(寛保二)、一七八六年(天明六)、一八四六年(弘化三))、そして一九一〇年(明治四三)、一九四七年(昭和二二)などの利根川および荒川の大氾濫、一九一七年(大正六)、一九四九年(昭和二四)などの台風による高潮災害、一九五八年(昭和三三)の狩野川《かのがわ》台風による初めての山手水害がある。江戸・東京の水害は主として東部下町を襲っていたが、狩野川台風以後、都市化の進展とともに、西部でも水害が頻発するようになった。

東部低地に被害が集中するのは、東部の低地と西部の台地の、地形とその形成過程が異なるからである。東京西部の台地は、数万年以前に形成された。一方、東部低地は六〇〇〇年前ごろには入江であった地域が広く、その入江に河川から運ばれた土砂が埋積されてできた。さらに近世以降、海岸近くは干拓や埋立で新たに陸地となった。しかも明治以降、地下水を汲み上げすぎて地盤が沈下し、海面より低いゼロメートル地帯となった。この低地には、建物の不燃化、防潮堤、河川堤防の強化など、相当の防災投資が実施されており、避難計画も立てられている。しかし、海面より低い土地、厚い軟弱地盤という条件では、対策にも限界がある。

一九四七年のカスリーン台風による利根川破堤、一九五八年の狩野川台風による全都各地の浸水以後、東京では大水害は起こっていない。しかし東京東部にはかつて利根川本流が江戸湾（現東京湾）に注いでおり、地形の特質上、大洪水が発生すれば、東京東部が水没する可能性は高い。一方、一九三〇年竣工した荒川の堤防は、都心側が、東部の江戸川区や千葉県側より高い。まず氾濫するのは東側であり、危険度が高い。地盤沈下によって生じたゼロメートル地帯は、日本で最も水害に弱い区域である。

治水は古くて新しい課題

明治以降、日本人は近代化に燃えて、急速に国土開発を進めた。沖積平野を守るための大規模な治水事業を展開した。第二次世界大戦後は、荒廃した国土の復興に続き、高度経済成長を支えるインフラ整備に精力を傾けた。都市化と工業化が進み、国土利用は急変した。それが各地の災害ポテンシャルを増大させ、戦後の大水害の一因となったことについて、筆者は、『国土の変貌と水害』（一九七一）で詳述した。

現在の治水安全度も、けっして高くはない。治水施設の整備計画の当面の目標は、大河川において三〇～四〇年に一度発生する豪雨、中小河川に対しては五～一〇年に一度の豪雨を安全に流過させることであるが、その進捗率は約六割にすぎない。

問題は治水設備だけではない。高度成長期以降の土地利用をみるかぎり、大水害の可能性を十分に考慮しているとはいえない。災害に対する危険度が増しているなかで、設備のみに依存した治水はきわめて危険である。大水害が発生していないのは、治水設備が機能している面もあるが、それが真にテストされるような事態がたまたま到来していないためと見るべきである。

この脆弱な国土に深刻な追討ちをかけているのが、地球規模の気候変動である。気候変動による影響は、生態系、水資源、食糧などに現われ、農林漁業の広範囲に及ぶと予想される。特に影響を受けるのは沿岸部と低平地であり、水害、土砂災害、高潮や津波災害などが頻発する恐れがある。これらの影響は、わが国においては特に深刻である。


本書では、主として水害に注目しながら、国土の危険が増大している状況を述べ、国土保全の長期的構想を提示する。問題は、戦後に展開された無秩序な土地開発、地下水の過剰揚水に代表される無思慮な水利用、そして土地管理政策の貧困である。

目　次

序章　気候変動と水害

「海岸の復讐の始まり」
2007 年 9 月，台風 9 号の通過により 1 km にわたって崩壊した神奈川県の西湘バイパス（提供：国土交通省関東地方整備局）

ＩＰＣＣ（気候変動に関する政府間パネル）の第四次評価報告（二〇〇七年）によれば、人為起源の温室効果ガスの大気中濃度上昇による気候変動が進行していることはほぼ確かであり、その影響として、豪雨や台風の強度増大（たとえば超大型台風の発生）、渇水の深刻化、海面水位の上昇、積雪量の減少などが予測されている。豪雨や高潮などの危険度を予測する際、過去の気候データに基づく統計がそのままでは通用しなくなりつつある。

増える集中豪雨

気象庁では、一時間に五〇ミリメートル以上の雨を「非常に激しい雨」、一時間に八〇ミリメートル以上の雨を「猛烈な雨」と呼んでいる。「非常に激しい雨」は滝のように降る雨で、傘はまったく役に立たない。「猛烈な雨」になると息苦しくなるような圧迫感があり、恐怖を感ずるという。一九九八年から二〇〇七年までの一〇年間の「非常に激しい雨」の平均頻度は、三〇年前と比較すると、約一・五倍に増えており、一時間に一〇〇ミリメートル以上の豪雨を見ると、約二倍に増加しているという。このような傾向は、気候変動による影響の予測と定性的に一致している。

国土交通省社会資本整備審議会の「水災害分野における地球温暖化に伴う気候変化への適応策のあり方について（答申）」（二〇〇八年）によれば、各地域における一〇〇年後の最大日降水量は、最も多い北海道で一・二四倍、最も少ない九州で一・〇七倍に増加する。これに基づいて洪水の頻度を試算すると、利根川や淀川など重要河川で目標とされている「二〇〇年に一回」の大洪水は、「九〇～一四五年に一回」に頻度が増える。「一〇〇年に一回」の洪水は、地域によって異なるが、全国平均で「二五～九〇年に一回」となる。

全国どの河川でも、大洪水発生の頻度が増すと予想されている。特に北海道と東北では大洪水の発生頻度が高くなり、言い換えると、治水安全度が著しく低下すると予測されている。

土砂災害の増加

短時間の大雨によって近年、東京、福岡および神戸の小河川において犠牲者が出ている。いわゆるゲリラ豪雨による被害である。今後は、局地集中豪雨の頻発による土石流災害の増加も懸念される。それは、従来の土砂災害危険箇所以外で発生することによる、崩壊発生分布域の拡大である。特に、従来激しい豪雨を経験しなかった山地では、激甚な土砂災害発生の恐れがある。

崩壊規模が増大して、通常の土石流と異なる「深層崩壊」が発生する危険性がある。深層崩壊とは、地表から二〇～一〇〇メートルもの深度の岩盤まで及ぶ大規模な土砂崩壊で、それだけ広範囲に被害が及ぶ。一八八九年(明治二二)の奈良県十津川《とつかわ》村をはじめ、二〇〇九年には台湾南部の高雄県で、また二〇一一年には台風一二号の豪雨により和歌山県と奈良県で発生している。

また、降雨開始から崩壊発生までの時間が短縮することが懸念される。それは避難時間が短くなることを意味する。

地理学者の水谷武司は、豪雨増加との関係の定量的な予測は難しいとはいえ、気候変動による土砂災害の増大は疑いないと指摘し、以下のように概説している。二一世紀後半には、気候変動により豪雨回数が三～四倍増すとすれば、これに伴って短時間雨量強度も大きくなり、山地における土砂生産量の年平均は五倍以上に増加する。土砂災害の増加はこれほどにはならないが、二～三倍には増大する。特に東北および北海道は、これまで豪雨の洗礼をあまり受けていないので、豪雨頻度の増加によって土砂災害が激増する恐れがある。

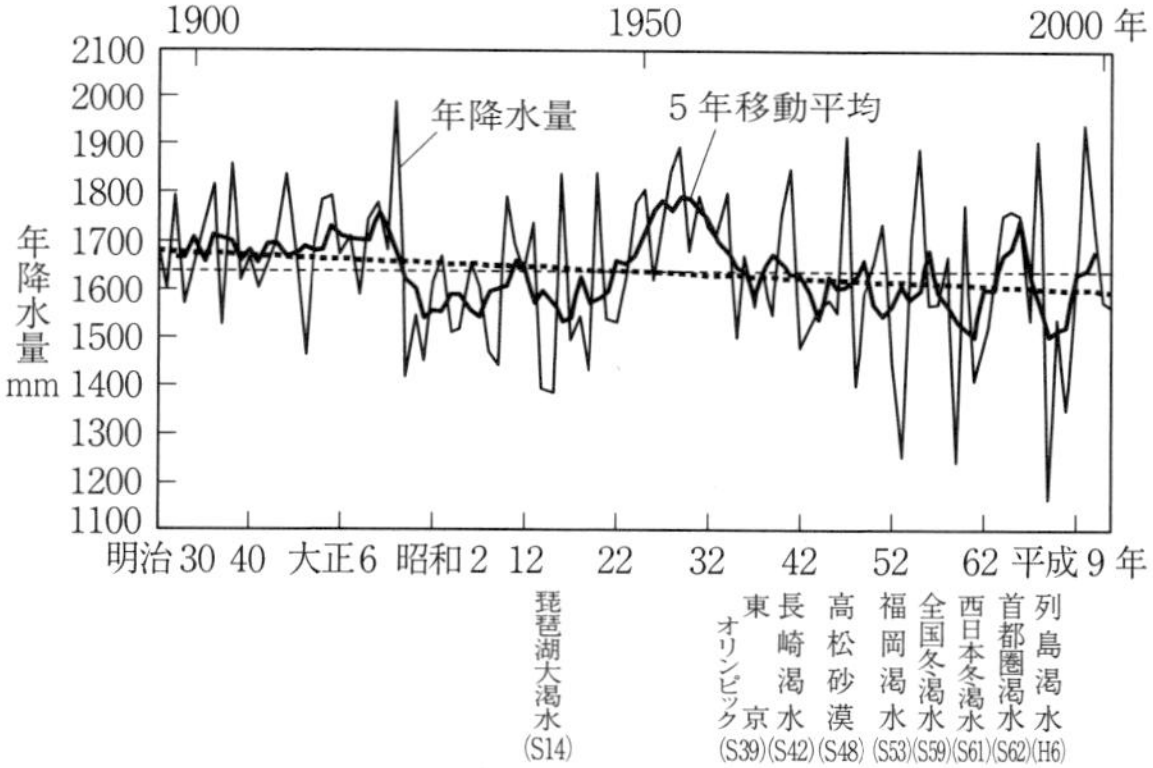

図１　日本の年降水量の経年変化
５年移動平均とはその年までの５年間の年降水量の平均．破線は 1897〜2001 年の降水量を直線で近似したもの（気象庁の資料に基づいて国土交通省水資源部で作成）

渇水の頻発

その一方、過去一〇〇年ほどの間に日本の年平均降水量は約七パーセント減少している（図1）。特に近年では、小雨の年と多雨の年との差が大きくなっており、各地の渇水頻度が増加している。

気候モデルの予測によれば、気候変動によって年降水量が減少することは長期的傾向であり、これが続けば水供給量が逼迫することが懸念される。

土地利用への影響

温暖化は作物の栽培適地を変化させ、多くの作物の栽培地を大局的には北進させる。

土砂災害に関係して問題となるのは、傾斜

地農業の変化である。

果樹園、茶畑、棚田は傾斜地に設けられている割合が多い。特に温州みかんなどの柑橘類の畑は、現在、関東から九州に至る太平洋岸および瀬戸内海沿岸の海岸部にほぼ限られている。茶は気温が上がると休眠期が短くなり、収量も品質も低下する。高原野菜は、冷涼な気候に適しているからこそ高原で栽培されており、気温が上昇すると生産性は低下する。温暖化によって、これら傾斜地作物は徐々に北東進し、生産量は全国的には低下しないかも知れないが、さまざまな後遺症が発生する。一例として、生産不調になった傾斜地での栽培放棄がある。放棄までには至らなくとも、管理が不十分になると、傾斜地の崩壊や土砂流出の危険が増大する。

近年、観光の対象ともなって評判の高い棚田は、水を張って維持管理しているので、土地保全にはきわめて有利である。それは傾斜地における果樹園や茶畑での栽培においても同様である。傾斜地農業は、山国で傾斜地の多いわが国では重要な国土保全の役割を果たしている。このことによって農業の意義が倍加する。

古くから基幹産業として日本文化をも支えてきた水田米作は、生育期につねに水を張る湛水《たんすい》栽培であるために、水田とその周辺の水循環の健全化に役立っている。水田耕作に従事している農民は、洪水調節とか地下水補給とかを強く意識しているわけではない。巧まずして自然界

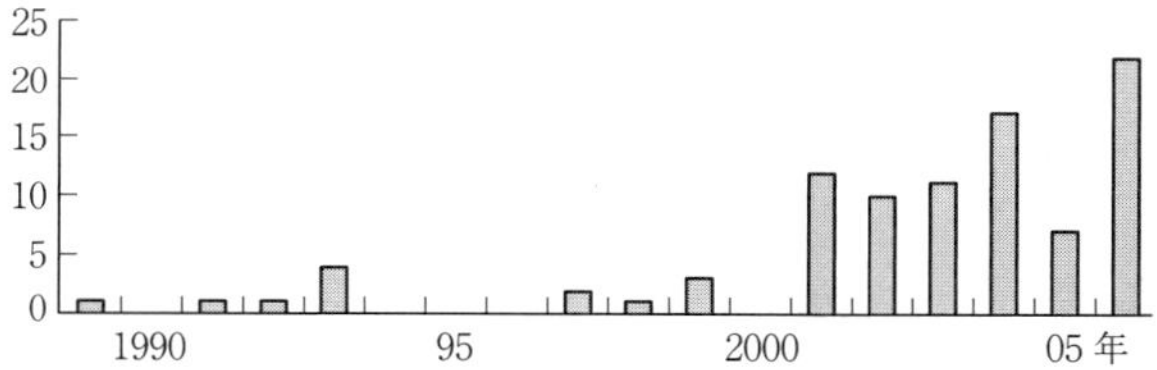

図2　厳島神社回廊の年間浸水回数(国土交通省)

の健全な水循環に貢献していることは意義深く、これぞ自然との共生といえる。

島国日本に迫る海面上昇

ＩＰＣＣ第四次評価報告書はまた、海面水位が今世紀末までに最大五九センチメートル上昇すると予想している。その上昇は、二二世紀から二三世紀以後も続く。海洋の深層への熱の伝播に長年月を要するため、たとえ大気中の温室効果ガス濃度が今世紀中に安定化したとしても、海水が今後数百年間膨脹し続けるからである。

ツバルなど太平洋上の島国においては、海面上昇の影響がすでに深刻化している。イタリアのヴェネツィアでは地盤沈下の影響もあり、二〇世紀はじめに年間一〇回以下であったサンマルコ広場の冠水が、一九九〇年までに年間四〇回、一九九六年には一〇〇回を数えたという。広島県宮島の厳島《いつくしま》神社回廊の冠水回数は、一九九〇年代には年間五回以下であったが、二〇〇〇年代には年間一〇回程度、二〇〇六年には年間二二回と増加しつつある(図2)。

海面の上昇は急激ではないとはいえ、長期的観点からは、島国であるわが国にとって重大な脅威である。海面上昇は、必然的に津波と高潮による危険度を著しく増大させる。海岸の浸食が激増し、砂浜が減少して臨海区域の生態系にも悪影響を与える。全国に存在する一〇〇〇の商工港、三〇〇〇もの漁港の維持管理、そして海岸堤防を主体に、保安林を含め進めてきた海岸保全はどう対処するのか。

海岸の復讐

わが国の主要都市と工業地帯はほとんど臨海部に位置している。日本の工業発展の源泉は、戦前も戦後も臨海工業地帯である。

明治以降の鉄道および戦後の高速道路建設、特に東海道の一部は、陸上の厄介な土地取得問題を避けるために、海岸線もしくはその沖近くに建設された。明治初期における新橋・横浜間の鉄道建設に際しては、汐留から品川までの九キロメートルを遠浅の干潟に土手を築造し、その上に線路を敷設した。道路も海岸と砂浜に建設された例が多い。

二〇〇七年九月、台風九号が神奈川県を通過した際、高波が神奈川県湘南の西湘《せいしょう》バイパスを一キロメートルにわたって崩壊させた（本章扉写真）。まったく前例のない、長い区間の破壊であった。治水家島陶也《とうや》は、この状況を、明治以来の鉄道や道路のための臨海部における無思慮な土地利用に対する〝海岸の復讐の始まり〟と警告している。

一九八〇年代から、ようやく干潟をはじめとする臨海部の価値が認められるようになり、経済成長も衰え、無秩序な海岸進出はおおむね止まった。しかし、従来の海岸線ギリギリまでの開発によって、津波や高潮から臨海部を守る海岸堤防は海岸線近くに建設されている例が多い。本来、海岸堤防の前面には前浜を用意し、堤防を津波や高潮の高波の直撃から守るべきであるが、開発ムードに酔っていた当時、開発側にそんな心の余裕はなかった。

海岸線近くまで目一杯開発したのは、短期的経済効果を優先した結果である。やがてジワジワと迫る海面上昇によって、堤防の安全度は危くなり、ひいては臨海区域の災害危険度を増大させることになる。

降雪量の減少

降雪、積雪の減少は、東日本や日本海側の雪国ですでに始まっている。気候変動による異変は、しばしば不規則に進行する。積雪が減るといっても、何年に一回かは豪雪の年もあると推測されるので、まれに襲う豪雪に備えつつも、長期的降雪減少に備えなければならない。

北陸から長野県に至るような、北緯三五〜三八度という低緯度にある豪雪地帯を抱えているのは、地球上で日本だけである。ヨーロッパはほとんどが北緯四〇度より北に位置している。日本は北アフリカと同じ緯度にあって亜熱帯ともいえるにもかかわらず、豪雪地帯になる。つまり日本は南の雪国なのである。

それゆえ日本は古来、豪雪や雪崩などの雪害に悩まされてきた。しかし、最近数十年間は、雪害対策の進展により雪の被害は激減している。

一方、豊富な雪は、豊かな水資源をわれわれにもたらしている。北陸、東北、北海道に多数建設された発電ダムはもとより、多目的ダムや利水ダムも、冬の豪雪が頼りである。それらダムに蓄積された雪融け水が、春から夏にかけての発電や、田植前の水田のための代掻《しろかき》用水を十分に供給している。代掻は、鍬やトラクターなどにより田面を平らにし、田植に備える重要な作業である。東日本では、代掻の時期にちょうど雪融け水が流れて来るのがきわめて都合よく、水田にとって必須でもある。積雪の減少は、雪国での地下水補給量を減らす。温暖化によって、ダムからの融雪放流も従来より早い季節に流出してしまい、初夏以降の放流量が減少する。こうした放流期の変化は、水利用を狂わせ、夏の水不足、電力不足を招くことになりやすい。

思えば、雪国日本では、融雪流出を巧みに利用して春から夏にかけての水利用に対応してきた。「豪雪の年は豊作」と昔から言われるゆえんである。気候変動による降雪量の減少は、融雪を利用していた、あらゆる生活パターン、とくに農林漁業の生産に著しく影響するに違いない。

川の流れとともに移動する細かい土や、河床を移動する土砂、そして生態系も降水パターンの変化の影響を受ける。川をさかのぼり、流れ下る魚、その他の水生生物も、従来の気象条件、元来不規則な川の流れに応じて暮らしてきたのである。

防災立国へ向けて

全国民が、日本、特に首都東京が、先進国のなかでは飛び抜けて災害危険度が高いことを深く自覚し、目先の経済的利益に目を奪われることなく、防災への強い決意を共有すべきである。

気候変動のみならず、今後、日本では現代文明社会特有の複合大災害が発生する。来るべき大災害にどう備えるか、そして一旦発生した場合の被害をいかに軽減できるかを、あらかじめ計画しておかねばならない。

防災のためのインフラ整備が必要である。それは、治山・治水、地震・津波対策のためのインフラに限定されない。道路・鉄道および飛行場はもとより、上下水道、電力・ガスはじめITネットワークなども、平常時だけでなく、災害時に被害を受けにくく、また被害を受けた場合でも速やかに復旧できることが求められる。東日本大震災に際しても、東北新幹線、高速道路、および海岸へ向けての道路の復旧が早かったことが、震災後の諸対策に著しく貢献した。

治水は堤防やダムなどの構造物に依存しすぎることなく、流域全体の地域計画とともに計画することが必須の条件である。なぜなら、「はじめに」に述べたように治水設備が全体として計画目標に達していないだけでなく、計画目標を超える大洪水が明日にも襲来しないとは言えない。そのときには、洪水は既存の構造物を破壊して都市に氾濫し、かつてない大被害をもたらすであろう。

大河川の堤防が現在破れた場合の災害は、かつての大水害の比ではない。氾濫想定域の土地条件が、水害に対してきわめて弱くなっているからである。水害に無防備な開発による土地利用の激変、氾濫原における人口密度の増加、都市における地下開発の普及、多数の高層ビルの出現、地盤沈下による海面以下のいわゆるゼロメートル地帯の増加は、特に東京、名古屋、大阪の三大都市において深刻である。さらに都市近傍の丘陵、台地は、大規模宅地化もしくは観光開発などにより、水害ポテンシャルが増加している。

一方、ここしばらくの間ほとんどの大河川では破堤、氾濫を経験していないため、住民の水害への危機感は欠如し、氾濫などをほとんど考慮しない都市開発が進んでいる。

治水計画を超える洪水に対しては、避難場所としての高所を用意するなど避難システムを早急に整備すべきであるが、基本的には氾濫の可能性の高い土地の災害をどのようにして軽減するかに尽きる。そのためには東京に限らず、特に危険可能性の高い区域からの移転を含む防災計画を、遅くとも今世紀半ばまでに樹立し実行に移すべきである。それが三・一一東日本大震災からの最も重要な教訓である。

第1章　社会とともに変わる川

戦後最大の悲劇となった伊勢湾台風
貯木場から流出したラワン材で埋まった名古屋市の港東地区．防災への配慮を欠いた開発が大災害を生み出した(1959年9月28日，提供：中日新聞社)

文明の勃興とともに、水を導き、または洪水を避けるために、人間が川に手を加えるようになった。それ以来、どのような洪水を経験し、それに対していかなる治水手段が施され、それによって川がどのように変貌したか。治水の歴史を知ることは、川の真の姿を明らかにすることでもある。

1　日本の治水

明治以前

わが国の治水の歴史は長い。戦国時代から江戸時代にかけては、各地の武将は治水技術を磨き領地を治めていた。治水の成果を挙げることが、内政を確立し人心を把握する必須条件であった。江戸時代にかけて、各地に名治水家が優れた治水事業を展開した。釜無川《かまなしがわ》、笛吹川《ふえふきがわ》（ともに富士川上流）における武田信玄、熊本県各河川における加藤清正、筑後川《ちくご》その他における成富兵庫茂安《なるとみひょうごしげやす》、高知県における野中兼山などが代表的である。

これらの治水家の真骨頂は、川に対する鋭い観察力にある。とくに洪水の前後の河床の状態に注目したにちがいない。河床の土砂や洲《す》の動きは、洪水時の川をもっともよく反映するのである。

図 1-1　信玄堤
武田信玄による大治水プロジェクトの跡．堤防の下に並んでいるのは，第 2 次大戦後の構造物である水流を制御するための水制と護岸（筆者撮影）

武田信玄は、甲府盆地にしばしば洪水をもたらしていた釜無川の治水で名高い。有名な信玄堤（図1-1）を中心とする区域は、堤防を連続させず切れ目を設け、氾濫流を一時的に溢れさせて大決壊の危険を減らす「霞堤《かすみてい》」と呼ばれる構造をもつ。そのほかに、その支流の一つである御勅使《みだい》川との合流点を変える大工事を行って洪水の被害を激減させた。おそらく信玄は、その大プロジェクトを、御勅使川と釜無川を一望のもとに眺められる竜王高岩に立ち、その地点の激しい土砂の動きを観察しながら立案したに違いない。

信玄はまた、一連の工事により移転を余儀なくする人々は生涯無税とした。また神社を堤防の近くに移し、堤防を参道とすることによって、堤防の維持管理に住民を積極的に参加させるようにした。このような住民との協力関係の巧みさは、この時代の名治水家に共通してみることができる。

江戸時代の鎖国下、河川技術は内政の充実に重要な役割を演じた。平和なるがゆえに河川技術に専念でき、技術が円熟したと言える。もっとも封建的社会では、過酷な治水悲劇を生んだ。杉本苑子の直木賞受賞作『孤愁の岸』(一九六二)は、木曽川治水を命じられた薩摩藩の苦闘を画いた逸作である。宝暦治水と呼ばれるこの工事の責任者であった薩摩藩家老平田靱負《ゆきえ》は竣工後、過大な工事費負担の責めを負って自刃した。

近代化を支えた治水

明治政府は、積極的に西欧を中心とする近代文明を導入した。利水の要である水道技術はすでに江戸時代に主要都市に普及していたが、明治に入ると近代的水質浄化技術やポンプ輸送によって面目を一新した。また明治初期には、主としてオランダから招いた河川技術者が河川事業を指導した。彼らは、当時まだ国内交通の重要手段であった舟運などのための河川事業や、砂防ダムによる砂防事業を進めた。砂防事業は、ダムで川を堰き止め、大量の土砂が下流で大暴れするのを防ぐものである。

明治中期以後の大規模な治水事業は、鉄道とともに日本の近代化を支える重要なインフラ整備であった。一八九六年(明治二九)、旧河川法が公布され、それに基づいて全国の主要河川につぎつぎと治水事業が展開された。大陸諸国の河川と比べ、河川の規模(流域面積、長さなど)が小さいにもかかわらず、日本の主要河川では巨大な洪水流量(洪水時の流量)が発生する。その洪水の全流量を氾濫させず、長大堤防を築いて河道《かどう》内を流過させ、逸早く海まで運ぶという治水戦略であった。

江戸時代末期までの治水方針は、城を中心とする都市を重点的に洪水氾濫から防ぐことであった。一方、農村地域は、小規模洪水まで防げる堤防を築き、大洪水のかなりの部分は無理に河道に閉じ込めず、自由に氾濫させていた。氾濫に対しては住居を高所に設けて被害を避け、氾濫しやすい低平地には冠水に強い農産物を育てるなどの対応がとられていた。しかし明治期には、都市化・工業化へと政策の大転換が行われ、増大する都市域や工業用地においては、原則として氾濫を完全に防ぐことが要求されたのである。

欧米諸河川と洪水特性が著しく異なる日本の河川に、西欧の治水技術をそのまま適用することはできなかった。欧米の技術者に替わって治水を指揮したのは、明治初期から欧米へ留学し

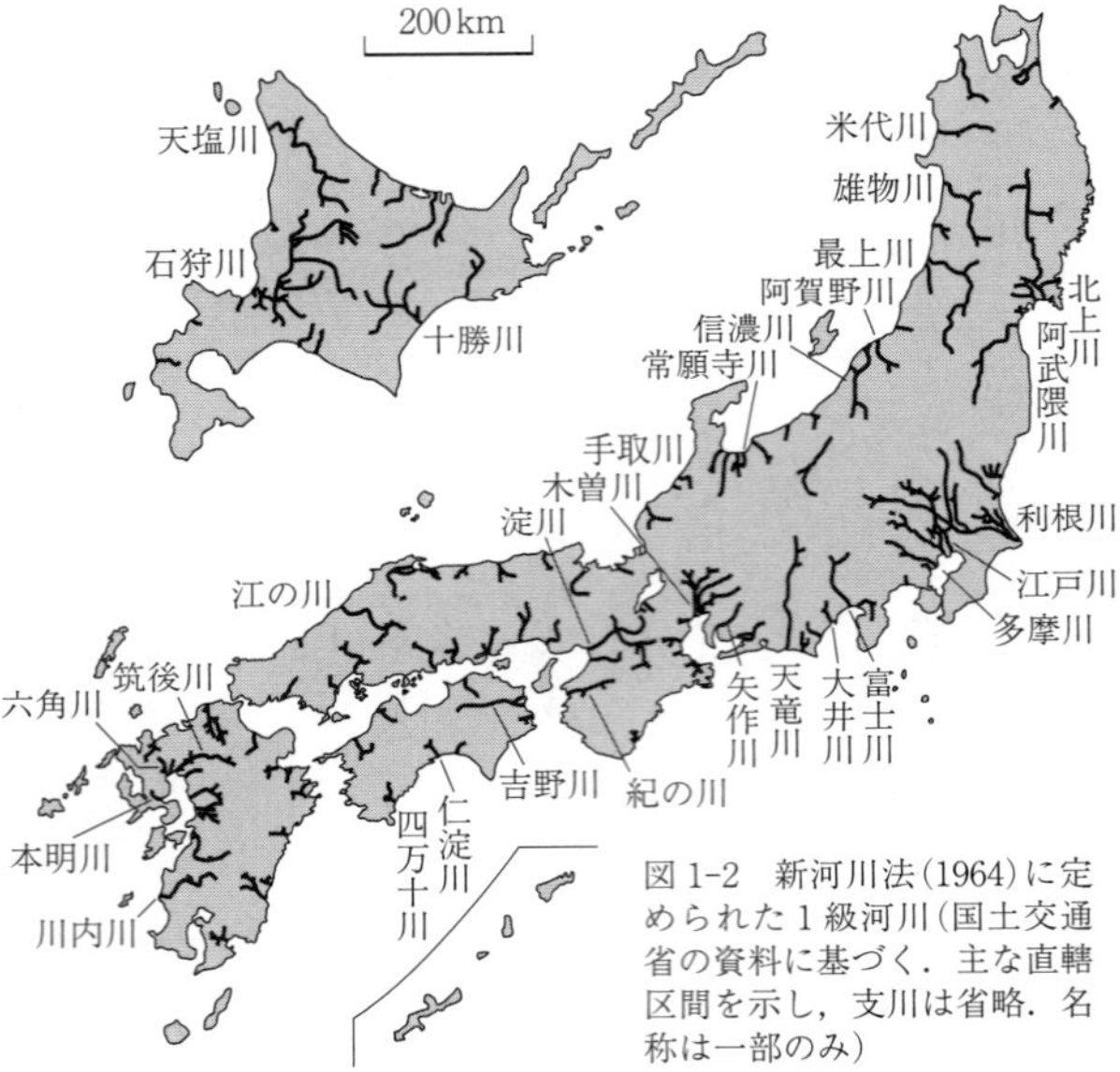

図 1-2　新河川法(1964)に定められた 1 級河川(国土交通省の資料に基づく．主な直轄区間を示し，支川は省略．名称は一部のみ)

ていた治水エリートたちであった。明治初期に開設された工部大学校、および東京大学理学部工学科の卒業生たちである(明治一九年、この両校は合併し帝国大学工科大学となった)。

これら大治水事業がほぼ完成したのは、一九三〇年(昭和五)前後である。この治水事業によって、日本の主要都市、水田地帯、新工業地帯が位置する大河川の沖積平野からデルタ(三角洲)にかけての地域は、ほとんどの中小洪水による氾濫を防ぐことができた。これらの地域の洪水に対する安全度が高まったことは、毎年のように洪水氾濫を重ねていた日本において、近代化を支えるインフラが整備されたことを意味していた。
図1-2に、日本の主要河川を示す。

大型台風とともにやって来た

第二次世界大戦敗戦直後の一九四五年九月一七日午後二時、鹿児島県枕崎に上陸した台風は、上陸時九一六・一ミリバール(一ミリバール＝一ヘクトパスカル)を記録し、室戸台風(一九三四年九月)上陸時の九一一・六ミリバールに次ぐ日本の陸上での超低気圧であった。のちに枕崎台風と呼ばれたこの台風による犠牲者は約三八〇〇人、全壊家屋五万六〇〇〇戸にも達した。犠牲者の半数は広島県においてであり、原爆投下から一か月半、広島は再び悲劇に見舞われたのであった。

枕崎台風が上陸した日の正午前、日本占領軍の最高司令官マッカーサー元帥が東京の皇居に面した第一生命ビルに入り、日本は有史以来初めて占領行政下に置かれた。枕崎台風の上陸とほぼ同時刻となったのは偶然の一致とはいえ、以後日本がつぎつぎと大型台風に見舞われた水害史を振り返ると、戦後は大型台風群の襲来とともに幕を開けた感がある。

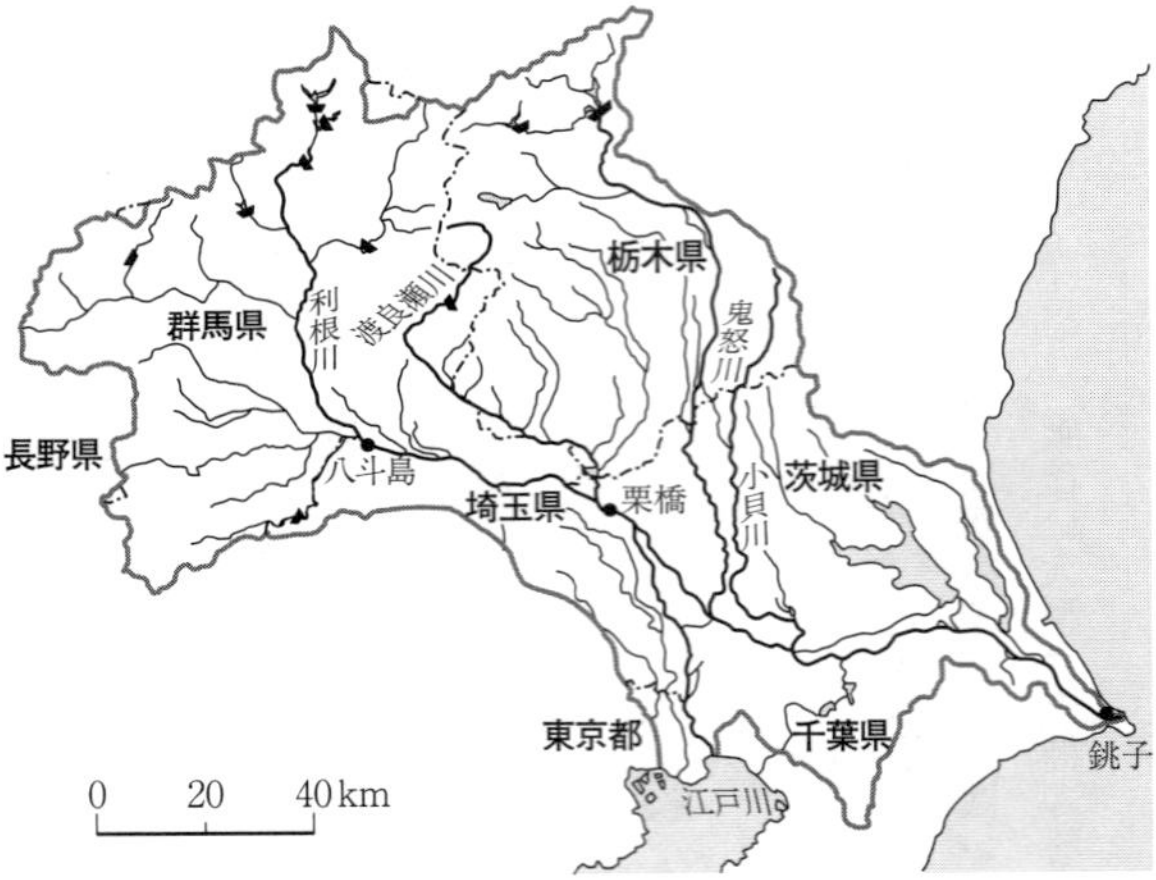

図 1-3　利根川水系(国土交通省)

カスリーン台風と利根川大洪水

一九四七年九月、カスリーン台風が利根川、北上川《きたかみ》などで大暴れした。利根川(図1-3)の場合は、右岸(下流に向かって右側)の栗橋付近で破堤し、氾濫流が破堤から五日後に東京東部に到達し、一〇日間にわたって水没させた(図1-4)。社会的、経済的に深刻な水害であった。

九月一六日〇時二〇分、埼玉県栗橋のやや上流、東村(現加須《かぞ》市)の破堤による氾濫面積は、約四四〇平方キロメートルに達した。北上川では、右支川の磐井川の破堤により一関《いちのせき》市は水没した。全国で全半壊・一部破損数九二九八棟、浸水家屋約三八万五〇〇〇棟、死者・行方不明一九三〇人に及んだ。

利根川または荒川の破堤はつねに首都圏南部を水没させるので、この両川の治水、および氾濫流対策は国家的にもつねに緊要な課題である。利根川破堤地点は江戸時代以来、右岸の栗橋とその下流側・権現堂堤のあたりに集中している。江戸を襲った大洪水は、おおむね一〇〇年に二回程度発生している。明治以後では一九一〇年(明治四三)と前述の一九四七年(昭和二二)である。

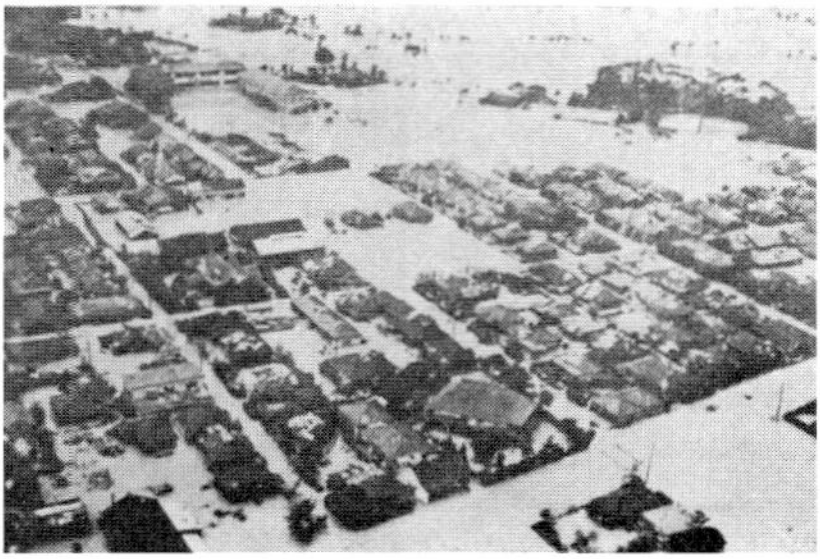
図 1-4　カスリーン台風で水浸しになった葛飾区金町付近(『東京百年史』より)

江戸時代、そして明治と昭和の大水害の状況はきわめて異なる。利根川の氾濫流域の状況も、時代とともに変わっている。大洪水の後に河道を変更したり、それぞれの時代の治水方針や技術に即して河川工事が行われてきたので、大洪水とそれ以後の河川計画を辿ることの意義は大きい。江戸時代の洪水時の雨量、洪水流量などの水文《すいもん》資料はほとんどないに等しい。しかし、氾濫や河道から溢れた後の流れと災害状況については、かなり多くの記録が古文書や古地図などとして残されている。それらはこれからの大洪水や水害を予測する際の重要資料である。

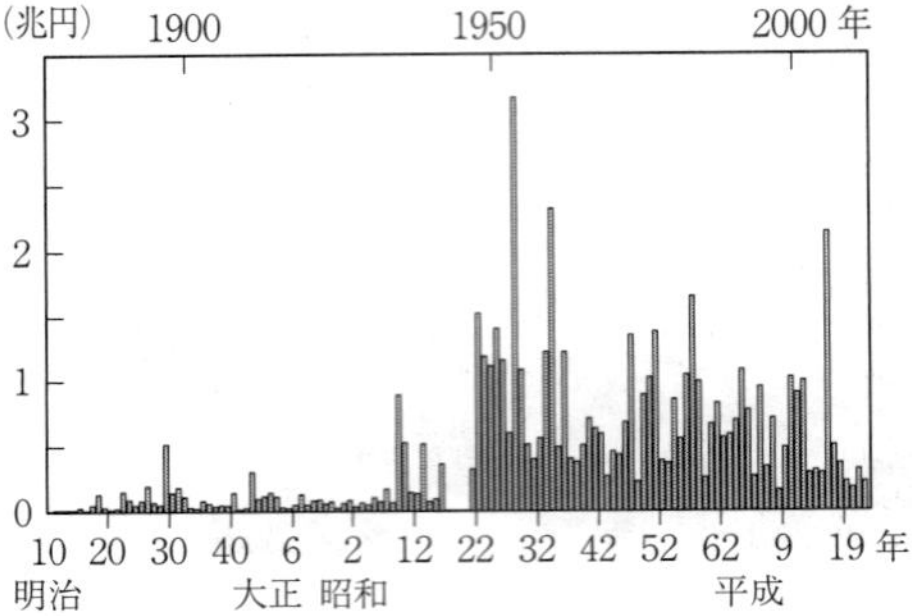

図1-5　明治以降の水害被害額（2000年価格）（国土交通省）

大水害頻発の原因は

一九四五年（昭和二〇）から一九五九年（昭和三四）までの一五年間、日本はほとんど毎年のように、かつて経験しなかったような大水害に見舞われた。戦時中から敗戦直後にかけて、荒廃した国土、窮乏を極めた経済、貧しい財政下に大型台風、梅雨末期の豪雨により、ほとんどの主要河川は破堤と大氾濫を繰返し、この一五年間で死者一〇〇〇人を下回ったのは三年のみであった。明治以後の歴史において、この一五年間の水害の凄まじさは群を抜いていた。図1-5に、明治以降の日本の水害被害額の推移を示す。

その原因についてさまざまな説が唱えられ、治水論議が盛んに行われた。例えば、戦時中から治水投資が不十分であったため、上流の森林から扇状地、平野、デルタなどの国土は保全に手が回らず、荒れ果てていたこと。その悪条件に、未曽有とも言われた豪雨が毎年のように各河川流域を襲ったのであると、マスメディアも国土保全当局も報じていた。

確かに、それらが大水害連発の原因の一部には違いなかった。しかし、明治以降の各主要河川の洪水記録を経年的に比較すると、洪水流量が大洪水発生とともに年代を追って着実に増加していることも明らかであった。すなわち、時代とともに、流域が開発され、それを守るためにより規模の大きい治水事業を進めなければならなくなった。その結果、洪水の規模がしだいに大きくなったのである。

明治・大正・昭和初期までは、上流山地での雨量記録は不十分であったので、豪雨時の雨量と洪水記録の精度は決して高くはない。流量に関する推定は含まれるが、旧河川法公布の一八九六年(明治二九)から一九四七年のカスリーン台風に至る経過をまとめると以下のようになる。

利根川の洪水流量増加

最初の利根川改修計画では、一八九六年(明治二九)洪水を対象とし、基準地点とされる八斗島《やったじま》(群馬県前橋市付近)から栗橋(埼玉県久喜市)にかけて毎秒三七五〇立方メートルを河道内を氾濫させずに流下させることが計画目標であった。ところが一九一〇年(明治四三)に未曽有の大洪水が発生し、八斗島・栗橋間に毎秒約七〇〇〇立方メートルが流れた。それに対処するため

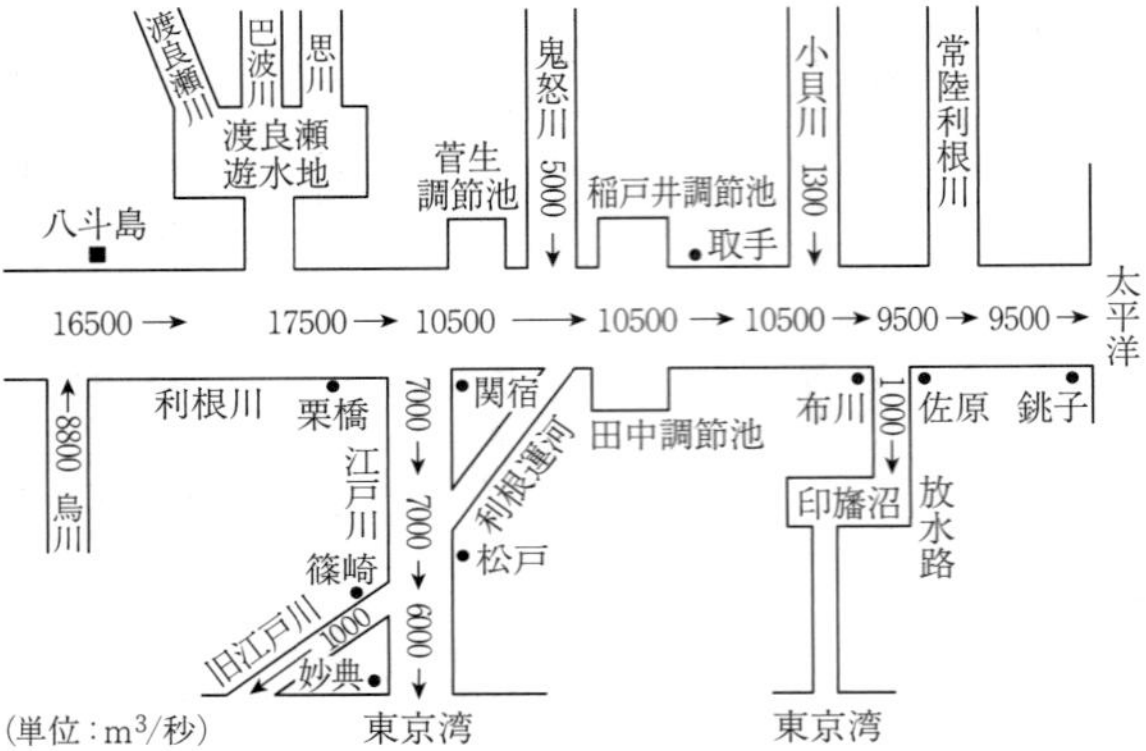

図 1-6　利根川計画高水流量(2006 年策定，国土交通省の資料より)

に、八斗島・栗橋間の計画目標は毎秒五五七〇立方メートルとされた。その改修計画は一九三〇年(昭和五)に完了したにもかかわらず、一九三五年(昭和一〇)、それをはるかに上回る毎秒一万立方メートルを記録する大洪水が発生した。改修計画は改定され、利根川増補計画と称する新計画では、その洪水流量の毎秒一万立方メートルを計画対象とした。しかし、一九四七年のカスリーン台風では毎秒一万七〇〇〇立方メートルが流れ、栗橋付近の堤防はそれに耐えられず破堤し大水害となった。二〇〇六年策定の計画高水流量を図1-6に示す。

利根川のみならず、ほとんどの主要河川において、戦後の大洪水時の最大流量が過去の最大記録を更新している。そこに共通する構造的理由は、明治以来営々と実施されてきた連続大堤防方式の治水方策にあると考えられる。すなわち、流域内に降った雨量からの流出量を、可能な限り堤防内の河道に集め、速やかに河口から海へと流し去ろうとしたため、洪水流は一目散に流域の山野や農地から河道めがけて殺到した。かつては流域内にしばらく留まっていた流れが、多くの支流から本川の河道へと集中したのである。氾濫を防ぐために堤防が上流へ向けて、そして各支流にも、つぎつぎと築かれたからである。こうして洪水の出足は速くなり、その流量も大きくなった。

戦後、筆者は、中下流部に長く住んでいる年輩者が、上流域に豪雨が降ってから洪水の流れが到達するまでの時間が、昔と比べ、はるかに短くなった、と言うのを多くの河川で何回も聞いた。明治以来の記録が多い筑後川でも、一九五三年の北九州大水害直後の調査で筆者は、洪水到達時間の短縮と、一つの洪水の最大流量(ピーク流量)が歴史の経過とともに増していることを実証することができた(第4節)。

開発と治水が生んだ洪水規模の増大

明治に内務省によって始められ、第二次大戦後は建設省によって実施された大河川における治水事業、すなわち連続大堤防方式は、中小洪水を氾濫させずに、安全に河口まで流出させることに成功した。しかし、以前の洪水の際と同程度の豪雨に対して、中下流部における洪水の最大流量は増加したのである。したがって戦後約一五年間につぎつぎと本土を襲った大型台風や梅雨末期の豪雨による大洪水は、中下流部においては、かつての予想を上回る、当時としては未曽有の洪水ピーク流量となって、日本のほとんどの重要河川の堤防が破られて大水害を頻発させたのである。

カスリーン台風による利根川大洪水はじめ、戦後十数年にわたって、主要河川の大堤防がつぎつぎに崩壊したのは、流域急開発とそれを支えた治水戦術そのものに底因があったと認識すべきである。もとより、戦中戦後の国土荒廃、猛烈な雨台風や梅雨末期の豪雨なども大水害連発の原因であった。しかし、利根川の一九四七年大水害は、わが国治水の全国に共通する構造的課題を提示していたのである。

以後、建設省では、洪水調節目的を含む多目的ダムをほとんどの主要河川に建設し、併せて河道部分では河幅を拡げ、より高い堤防を築き、さらには河川によっては遊水地(出水時の水を貯えるための土地)を建設してきた。堤防、遊水地、ダムを組み合わせた治水手段によって、これからの大洪水再来に堪えることを目標としている。その成果にも支えられ、戦後一五年間に発生したような大河川の破堤氾濫による大水害はその後、幸にして影を潜めている。

2　水害は社会現象

無人島や財産のない土地が、いかに豪雨に見舞われても水害は発生しない。同じ程度の豪雨や台風が襲っても、それによる被害には、土地利用や開発状況などの社会的条件が決定的に影響する。つまり、水害は異常な自然現象が誘因となって発生する社会現象である。

伊勢湾台風

一九五九年(昭和三四)の伊勢湾台風は、高潮などによって全国で五〇〇〇人以上の犠牲者を出し、戦後最大の悲劇となった。九月二六日午後六時、紀伊半島潮岬に上陸して北東進した台風一五号は、名古屋市西方三〇キロメートルを通過、名古屋市、伊勢湾の大部分は台風の危険半円に入り、特に名古屋市南部低地域では異常高潮によってまさに未曽有の水害が発生した。

この台風が、さらに一〇年前に襲来していれば、被害はかなり小さかったと思われる。もっともこれは巨大台風であり、河川の破堤被害もあったので、相当の被害は免れえなかったであろう。しかし、被害を莫大にした最大の要因は、この台風以前の約一〇年間の被災地域の開発にあった。

まさに高度経済成長が始まった時期であり、名古屋市周辺は、いわばその先進地域であった。この数年前から、名古屋市南部には工場がつぎつぎと進出し、それに伴い住宅や商業施設の開発も始まっていた。さらに工合の悪いことに、濃尾平野では地下水の過剰揚水による地盤沈下が進行し、地面が海水面より低いゼロメートル地帯が増大しつつあったが、この段階で有効な地下水規制がとられていなかった。一方、木材需要の急増のため、南洋材のラワン材の輸入が、この時期、一挙に増大し、その貯木場の整備が間に合わず、水域を仕切る程度の簡素な貯木施設が多かった。高潮によって解き放たれた巨大なラワン材が、海岸堤防を集団となって乗り越え、濁流とともに構造物を破壊し、大型凶器と化した巨木によって多くの人命が失われた(本章扉写真)。愛知県だけで犠牲者数は三三〇〇人に上った。

伊勢湾台風による被害の様相は、防災対策を十分に考慮しない開発が、いかに国土を危うくするかを教えている。伊勢湾台風の最大の教訓は、目先の経済的利益のみを追求する開発がつねに新型災害をもたらすことであり、その後の経済成長のあり方への痛烈な警報であった。

天草の分家災害

一九七二年(昭和四七)七月、梅雨前線が全国的に荒れ狂った。四国の物部《ものべ》川中流部土佐山田町(現香美《かみ》市)繁藤の崩壊は、この七月災害の皮切りであった。北は岩手県から秋田県へ流れ、能代港で日本海へ流出する米代《よねしろ》川から、神奈川県の酒匂《さかわ》川、愛知県の矢作《やはぎ》川、近畿では寝屋《ねや》川の支流谷田《たにた》川の野崎観音で知られる下町、山陽山陰は軒並ほとんどすべての川、九州では、宮崎県から鹿児島県へと西進し東シナ海へ出る川内《せんだい》川、いずれも大水害に遭った。

全国で四〇〇人余の死者不明者を出したが、その八四パーセントは土石流が原因であった。そのうち一一二人の犠牲者が集中したのが熊本県天草上島であった。当時、東京大学工学部の河川研究室にいた宮村忠の調査によると、天草の姫戸町(現上天草市)では全壊家屋一二三戸のうち、分家一〇一戸、本家二二戸、倉岳町では全壊と流失七五戸のうち、分家七〇戸、本家五戸であった。本家・分家の分類は厳密にいえば難しいが、この場合は大正以降に戸数は著しく増加し、分家がつぎつぎ発生しているので、その大正初期を本家分家の年代区分とした。

同時期に土石流で憂き目に会った神奈川県山北町の箒沢での被害調査によれば、一六戸の被災家屋のうち一二戸が分家であった。被災本家四戸のうち二戸は、明治末期の火災後、下流の本家から危険分散の目的で、残り二戸も過去の崩壊で移転してきた家である。

一九六一年(昭和三六)六月末の、三六・六豪雨と呼ばれる長野県伊那谷を災害直後に訪ねた折、筆者は土石流災害家屋は圧倒的に分家であることに注目した。そのヒントはそのころ災害調査にしばしば同行していた小出博《はく》(応用地質学者)から与えられ、ズッと気になっていた。戦後の山地の観光開発などで土石流に押し潰される例が多いのは、地形、地質、過去の災害例を十分に調査せずに立地した、まさに分家災害といえる。土地の履歴、地相を読むことは、土石流調査はもとより、土地の安全を点検する場合、必須の条件である。

長崎大水害と自動車

一九八二年(昭和五七)七月二三日、長崎市とその周辺はまれに見る梅雨末期の豪雨で大水害になった。郊外を含め長崎市内の死者・不明者二九九名は、一九五七年の諫早水害以来の惨事であった。死者の大部分は、長崎市郊外の土砂災害によるものであった。

自動車の被害の正確な見積もりは難しい。長崎大学(当時)の高橋和雄の詳細な調査によれば、複数機関の概算で、タクシー、バス、トラックなど総計(冠水、消失)二万台以上に達するという。自動車内の犠牲者は一九名(土砂による六人、出水による一三人)にも及んだ。

夕刻まで小雨模様だったのが、急変した。〝坂の街〟長崎市街では、海へ向かう道路は急流河川となり、家路を急ぐ人々は通りの反対側へ行くこともできなかった。タクシー会社は降雨が強くなって約一五分後に路面冠水に気づき、「車庫に戻れ、高台の平地へ行け」と無線連絡して、被害をかなり免れた。しかし、多くのマイカーは情報もなく孤立状態になり、交通渋滞と路面冠水により路上で浮いて流されたり、冠水によるエンストで立往生した。洪水時の車の運転方法の知識のないドライバーは、やがて水が引くと期待し、ぎりぎりまで自動車にこだわっていた。夜間の濁流の中、浮いて流れる車からの避難は困難を極め、流木などで頭を打って失神したり、河川や側溝に落ちて流された。車からの脱出は、生死を分ける危機一髪の状態であった。流されながらライトをつけた数十台の車中から救いを求める人影も随所に見られた。新車から離れられず、車ごと流されて亡くなった例や、再三の避難勧告にもかかわらず、車を放置できないドライバーが各地で見られた。

幹線道路がきわめて少なく、その冠水に対し交通止めの対策が遅れ、情報伝達ははなはだしく遅れ、交通管制センターの信号機もリレー部が冠水して停止した。停電、信号機の水没など、未経験の事態に、車による極度の混乱によって一層深刻な水害となった(図1-7)。

このときの豪雨の激しさは、少なくとも明治の雨量観測以来初めてであった。長崎市の東隣の長与町役場の屋根の上の雨量計では、同年七月二三日の午後七時からの一時間に一八七ミリメートルという日本最大の時間雨量が記録された。この記録はいまだに破られていない。この夕、長崎市周辺の数地点で時間雨量一五〇ミリメートルを越えているので、長与観測点だけの異常値ではない。この驚くべき値について、サウジアラビアやオマーンで講演したが、年間一〇〇ミリメートルやっとの沙漠の人々には想像すらできないと呆れていた。

図 1-7　長崎大水害
水位の下がった川の中に，流された車の残骸が点々と姿を現した（1982 年 7 月 25 日，長崎市矢上町，提供：朝日新聞社）

クルマ社会の水害は、高度成長期以前の日本では考えられなかった。それまで、自動車を持つのは富裕層か権力者だけであったから。クルマ社会の出現は、豪雨時に同時に何百台の自動車が走り回るという異常な状況を街頭に突如生み出した。

電話の普及も新たな水害心理を生み出した。電話に頼る以外、身を助ける方法が見つからず、最後まで電話にしがみついて死に至った人もかなりいた。

眼鏡橋の復元

翌朝早く、片寄俊秀長崎総合科学大学教授(当時)から涙ながらの電話が入った。「中島川の眼鏡橋が壊れた。復元に立ち上がるから、すぐ来てくれ。」

寛永年間建造で日本初の石造二連アーチ橋「眼鏡橋」は、一九六〇年に国の重要文化財に指定されていたが、今回の洪水で半壊し、新たな治水対策においてどうするかが激しい議論を呼んでいた。

長崎水害に先だつ一九五七年(昭和三二)七月二五日、長崎市の東隣の諫早市を中心に梅雨末期の豪雨が暴れ回り、諫早市を中心に大水害となり、死者・行方不明九九二人にも達した。

諫早市を流れる本明川《ほんみょう》には、やはり由緒ある石造アーチ橋が架かっていたが、これが流木を堰き止め被害を大きくしたとして川から撤去され、近くの諫早公園に移転された。これは五七年当時としては治水の正攻法であった。

一九八二年、時代は変わり、中島川の眼鏡橋の現地保存の声は高くなっていた。筆者もまた橋を現地保存する新たな治水策として、橋の両岸の地下に洪水時用のバイパスを掘る手段が考えられた。一方、河川行政は、諫早水害時のように、橋の移設の方が治水効果および経費の点からも妥当であると考えていた。

マスメディアでは、当時東大教授であった筆者が橋の現地保存を主張していると伝えていた。それを聞いた同行の国家公務員は、その説を撤回した方が良くはないかといたく心配していた。杞憂であったが、それが当時の公務員の常識であったに違いない。

県はこの水害復興の審議会を設け、半年にわたって議論した。片寄教授がしばしば代理出席して眼鏡橋保存の意義を力説したという。その結果、橋は現地保存され、橋の両岸に地下放水路が建設された。初めて文化財保護と治水技術の両立が議論された。以後の文化財と新たなインフラ建設との両立へ道を拓いた意義は大きい。

富士川鉄道橋の落下

一九八二年(昭和五七)八月二日午前五時すぎ、東海道本線下り線富士川の鉄道橋トラス四連が落下し、同線は不通となった。台風一〇号により富士川が増水し、橋脚が倒れたためである。一八八九年(明治二二)の東海道線全線開通以来、初めての重大事故であった。この事故による人命の犠牲が皆無であったのは、不幸中の幸であった。ところが、列車が富士川に落下する危機一髪のところであったという。

それを暴いたのは、八月下旬の勝部領樹キャスターによるＮＨＫ特集である。富士駅発の下り列車が定刻通りに出発していれば、ちょうど橋が落下した時刻に、列車は富士川を渡るはずであった。その時点で、東海道線はまだ平常通りに運行していたが、夏の登山シーズンで混み合い、車掌は気を利かせて待合室まで客を集めに赴き、一〇分以上遅れて出発したのがけがの功名となった。その直後、橋の落下情報を聞き、緊急停車して事なきを得た。橋の落下以前に、なぜ列車停止の指示が出ていなかったのかが問題とされた。

番組の翌朝、当時の国鉄のＨ技師長から筆者へ電話が入った。「ＮＨＫにやられたよ。対策技術委員会を設けるから(委員長として)手伝ってくれ。」そこで、大学の研究者や建設省の治水課長、土木研究所員、国鉄の常務理事、施設局員など、計約三〇名の委員会を結成し、以後半年余にわたって、現場の視察と何回もの会議を経て報告書をまとめた。

問題の核心は、豪雨や洪水の際、どの段階で列車を止めるか、また一旦止めた鉄道の運行をいつ再開するかである。

この事故以前、富士川鉄道橋に最も近い観測点である富士駅の雨量強度や累積雨量および風速などがある一定量を越えると列車を止めることになっていた。しかし、橋の近くの雨量は、富士川の洪水位や流量とはほとんど関係がない。鉄道橋落下のあった日、すでに富士川上流で流れていた橋もある。いうまでもなく、上流側の雨量や水位を逸早く知ることが重要である。

委員会の結論として、建設省が洪水時に観測している豪雨や洪水時の雨量や水位の情報は、直ちに国鉄の関係機関に自動的に伝わることとした。国鉄の技術が世界に冠たることは国内外で周知の事実であり、それは日本技術の誇りでもある。しかし、直接の専門を外れると意外な盲点があるものだ。

都市型水害

二〇世紀後半、世界では先進国、途上国を問わず、都市化が急速に進んだ。日本の場合、都市化は全国的に進行し、水田をはじめ農地が一斉に宅地化された（表1-1）。

日本の水田経営は、自然界の水環境を巧みに利用した水利用と土地利用に徹していた。豪雨時には、水田は一時的遊水地として洪水貯蓄の役割を演じた。水稲の成長期には、つねに水を張る湛水栽培は、巧まずして地下水を供給していた。

水田が宅地化されると、洪水調節機能が失われるのみならず、降水は地下へ浸透せず、一目散に都市内河川か、整備された下水道へと殺到する。豪雨の際には、下水道の容量を越えた雨水流はマンホールを突き破って道路や周辺住宅に浸水被害をもたらす。都市内河川は、従来の河道では間に合わなくなり、氾濫しやすくなる。

高度経済成長の原動力は、短期間での第一次産業から第二次・第三次産業への急速な構造変化、すなわち農山漁村から都市への人口移動であった。一九五〇年代後半から七〇年代にかけて、人口急増都市を中心に、札幌から鹿児島まで新興住宅地の低平地などで氾濫被害が続出した。人口が急増した各都市では、各種公害や水不足などとともに、この「新型都市水害」の頻発に悩まされた。

表 1-1　国土利用面積の変化

	1965年	1975	1995	2007
農用地	17.0%	15.3	13.6	12.5
森林	66.7	67.0	66.5	66.4
原野	1.7	1.1	0.7	0.7
水面・河川・水路	2.9	3.4	3.5	3.5
道路	2.2	2.4	3.2	3.5
宅地	2.3	3.3	4.5	4.9

『土地白書』より

開発という土地利用の急変が、水害を拡大した典型例である。すなわち、流域の変貌が、降水の河川への流出状況を一変させたのである。都市化に限らず、流域によっては森林の荒廃や、いたるところで進められた観光開発などもその原因となった。

都市化も初期の段階では農地の宅地化が支配的であったが、都市への人口集中がピークを終えたころから、地下開発とビルの高層化による大都市の立体化が急速に進み、それが新たな都市水害を発生させている。地下街、地下鉄、各種地下工事、住宅や各種ビルでの地下室新設などにより、地下室での豪雨時の犠牲者が発生している。一方、高層ビルの乱立も新たな災害を招く要因を抱えている。
都市の立体化は、水害発生のみならず、地震による被害や火災を拡大する可能性があり、一方郊外の丘陵地開発に伴う土砂災害の頻発も憂慮される。

3 無思慮な開発

河川規模が大きい諸外国の場合、同じ河川でも離れた区域の相互理解は困難のようである。海外の大河川事業においては、同一流域内の離れた地点で利害が相反する例が多い。

黄河断流

中国では、河道に表流水がなくなることを断流という。かつて断流記録のなかった黄河では、一九七〇年代からしばしば、華北平原の扇頂部にあたる洛陽から、下流河口近くの利津に至る間で断流現象が発生している(図1-8)。一九九七年には、下流部での断流が年間の約三分の二にあたる二二六日にも達し、断流区間は約七〇〇キロメートルにも及ぶ事態となった。この区間では農業のための地下水利用量が増えたので、黄河の流れと地下で通じている周辺の地下水

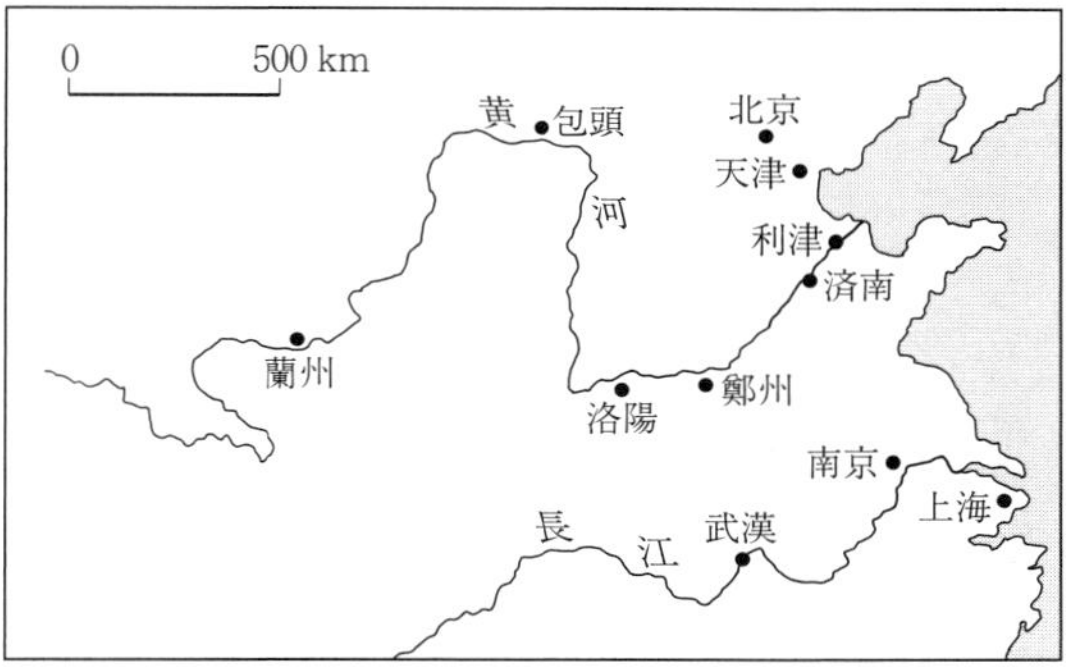

図 1-8　黄河流域

位も下げてしまった。

中国政府は、一九四九年の開国以来、食糧増産のための用水供給を重視し、鄭州より下流で、年による差は大きいが、年間六〇~一五〇億立方メートルという大量の取水が行われた。上流の降雨不足による流量減も、断流の原因となったと推定されている。一九五八~六一年には、大旱魃を救うため、大量の農業用水取水に拍車をかけた。

一九九七年の深刻な黄河断流の経験に鑑みて、二〇〇二年に新しい水法が制定された。その後、断流は発生していない。この法によって、従来、河川水の利用権を各省の要求に応じていたのを、国の機関である黄河水利委員会に移し、河全体から見た流量配分を実行したのである。

上流側で河川から大量に取水すれば、下流の流量が減るのは当然であり、どうしてこんな簡単な加減算が事前にわからないのかと思う。大量取水を計画した時代には、とにかく食糧増産が緊急の課題であり、それにより生じた断流に対しては、そうなった段階で新たに考えるという方針であったようである。古今東西で人類は、このような事後対策で解決する方法を経験してきた。しかし、技術が進歩して大量取水と利用地域での効率利用が進むと、それによる副作用も大きくなる。断流による下流の大被害を考えると、もはやこのような事後対策は許されるべきではなく、事前に十分にその影響を予測し、対処すべきである。このことこそ黄河断流の教訓である。

アラル海の悲劇

アラル海の事例も同様な現象ではあるが、この悲劇はより重大であった。

一九六〇年、旧ソ連政府は、自然改造計画として「アラル海プロジェクト」を華々しく打ち上げた。アラル海へ東から流入する二大河川、アム・ダリア(パミール高原に源、延長二五四〇キロメートル)とシル・ダリア(天山山脈に源、延長二二一二キロメートル)から大量に取水し、無数の灌漑水路によって、年間降水量二〇〇ミリメートル以下の沙漠二〇〇〇万ヘクタールを肥沃な農地に変えた。この新開発によって、七〇年代後半には旧ソ連の綿花の九五パーセント、米は

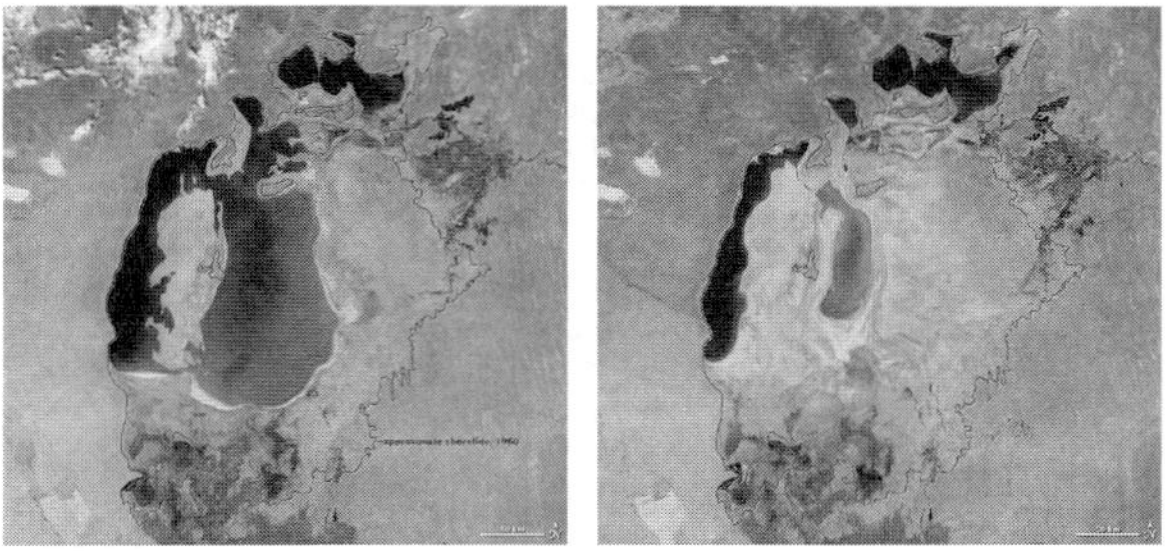

図 1-9　縮小するアラル海．左が2000年，右が2011年の衛星画像（提供：NASA）．細い線が1960年ごろの汀線．

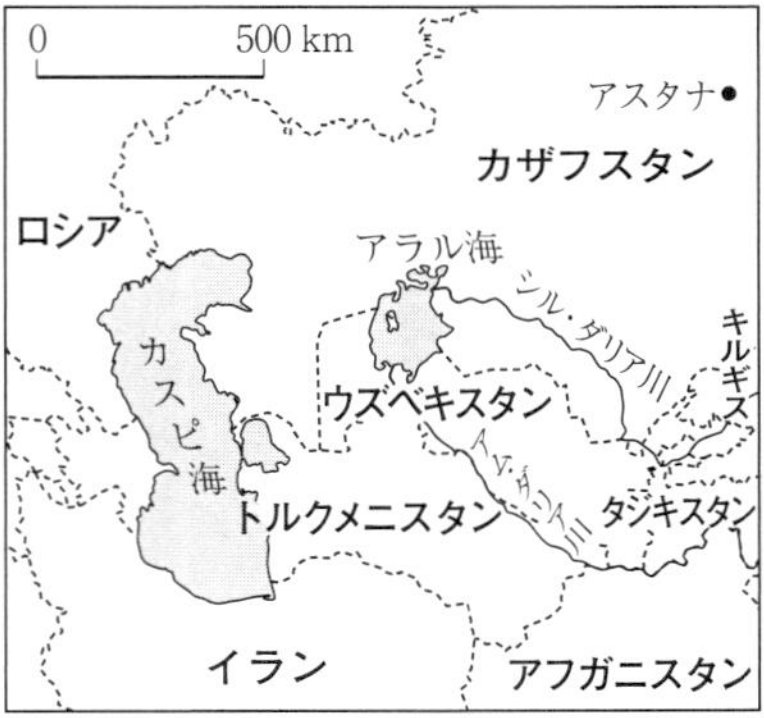

四〇パーセントを生産する大農業基地となり、農地の拡大とともに、両河川の流量の九割が農業用に取水された。このプロジェクトは、輝かしい自然改造計画の勝利としてもてはやされた。

ところが、アラル海への両河川流量の激減で、世界第四位、琵琶湖の約一〇〇倍、六万八〇〇〇平方キロメートルの湖は、四万平方キロメートル以下になり、漁業は壊滅状態となった。アラル海の縮小と漁業、湖内舟運の衰退はある程度予想できたと思われるが、湖の生態系の深刻な破壊、湖畔の森林の全滅、湖底の塩分堆積、周辺農地の塩害などは予期されていなかったであろう。さらに、まかれた大量の農薬により、沿岸地域では腎臓病と肝臓病が過去二〇年間に三〇倍増加するなど、アラル海周辺は悲惨な地獄絵となってしまった。図1-9に最近の衛星画像を示す。

カザフスタンを訪問した石弘之は、惨状を報告しながら、「アラルは復讐に満ちた目で、かっと人間をにらみつけている」(ムクタル・シャカノフ)と、自然の容赦なき復讐を慨嘆している。

アスワン・ハイダムと環境悪化

ナイル川に一九七一年に完成し、七五年から運用が始まったアスワン・ハイダムは、河口から約一〇〇〇キロメートルに位置し、年間一〇〇億キロワット時の水力発電、年間エジプトで五五〇億立方メートル、スーダンで一八五億立方メートルの灌漑用水を供給している。それによって恩恵を受けている農業、工業関係者、および政府関係者は、アスワン・ハイダムなくして、エジプトの今日の繁栄はないと主張している。この巨大ダムによる貯水容量は一六三〇億立方メートル、世界三位であり、日本最大の徳山ダム湖の約二五〇倍である(図1-10)。

その反面、アスワン・ハイダムは深刻な環境破壊をもたらし、環境重視の時代を迎えて、その功罪が世界の注目を浴びた。計画段階に工事費の提供などをめぐって米ソ冷戦に巻き込まれたことも不運であった。地中海へ流出する土砂が減少したため河口周辺で海岸が浸食される一方、プランクトンなどの栄養分もダム湖で堰き止められて、河口周辺の水産業が大打撃を受けた。ダム湖はナセル大統領の業績を讃えてナセル湖と名づけられたが、湖水の水質汚濁も生じた。また農耕地への肥沃な土砂氾濫がなくなったため化学肥料の輸入が増したとか、検証を要する問題もあるが、環境派からは環境破壊ダムの代表のように扱われた。

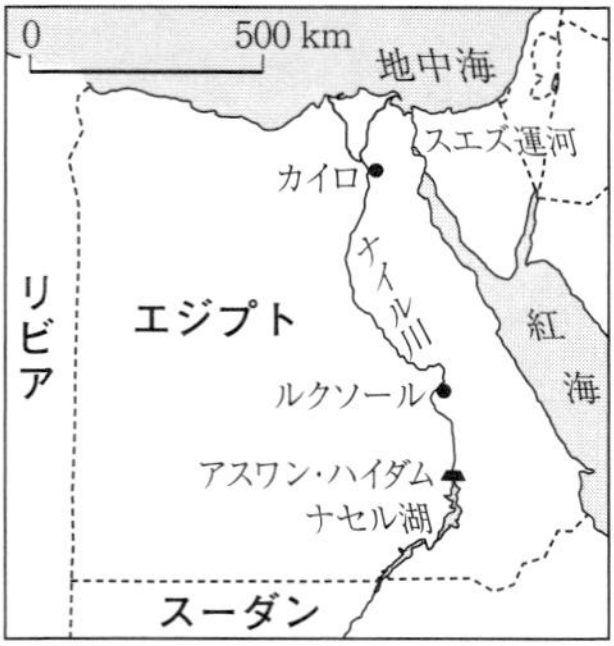

図1-10　アスワン・ハイダム
右手がナセル湖(筆者撮影)

　ダムは河川を横断する巨大構造物であり、水、土砂、生物を一旦断ち切るので、環境に著しい多面的影響を与える。したがって、その他の河川の施設や構造物の場合よりも、そのマイナスの影響は大きい。ダムによる効果が、ダム完成の数十年後までも、そのマイナスを補って余りあってこそ、そのダム計画は成立する。ダムに対する評価は一九七〇年代前後に転換点を迎え、生態系を含む環境への影響が重みを増した。アスワン・ハイダムは、巨大ダムゆえに環境への悪影響もまた多面的かつ甚大であった。不幸なことに、アスワン・ハイダムはまさにダム評価の転換期に完成したため、ダム批判の矢面に立たされたのである。

4　歴史記録に学ぶ

川はつねに変化しつつ、成長し続ける。その過程で大洪水・大水害に会うのは、人間の都合から見れば大病に罹ったようなものだ。しかし、洪水も川にとっては異常ではなくきわめて当然の呼吸なのである。

川の辿ってきたさまざまな履歴を知ることで、その川の個性をより深く知ることができる。中国の重厚な治水史とは比較にならないとはいえ、日本でも京都周辺、特に淀川水系には仁徳天皇時代の茨田堤《まんだのつつみ》以来、河川の歴史資料はかなり多い。関東など東日本でも、江戸幕府開設以来の史料は少なくない。しかし、以下に述べる小出博らの例外を除いて、治水事業にこれらの資料が活かされることはまれである。それらの歴史資料は、一般に河川技術者よりも、地学および農業水利学者などに重視されていた。

歴史に対する無知

応用地質学者の小出博（一九〇七～一九九〇）は、江戸時代以来の全国の顕著な土砂災害地点の地形、地質、大土石流の場所、日時をよく諳《そら》んじていた。また農業水利学の新沢嘉芽統《しんざわかがとう》（一九一二～一九九六）は、江戸時代以来の主要水系の水争いの原因と結末を詳らかに調査し、それらの史実と、それ以来の災害、水争いと、現在眼前に発生している状況を歴史的に比較することを、調査の眼目に置いていた。

彼らを現場で案内する技術官僚や、会議に立ち合う本省の事務官、技官は、その対応に閉口していた。彼らは河川をめぐる史実を十分には知らないのみならず、必ずしも重要と考えていなかった。明治以降の近代科学の方法論に則った観測および測定データしか信頼しない河川技術者は多い。数的表示されていないと、水理学、水文学の解析になじまないからでもあろう。

貞観津波

元東大地震研究所教授の宇佐美龍夫は、およそ文献のある限り、地震記録を拾い出し、すべての地震のマグニチュードを推定し、千数百年にわたる日本の地震年表を作成した。

平安時代の史書『日本三代実録』に記載された貞観《じょうがん》津波は、すでに長年にわたって次のように『理科年表』に掲載され、地震史に関心の高い研究者にはお馴染みである。

「八六九年七月一三日(太陽暦)(貞観一一年)、マグニチュード八・三、三陸海岸。城郭・倉庫・門櫓・垣壁など崩れ落ち倒潰するもの無数。津波が多賀城下を襲い、溺死約一千。流光昼のごとく隠映すという。三陸沖の巨大地震とみられる。」

箕浦幸治らの一九九一年の発表によれば、仙台平野の地質調査から、この津波は海岸線から約五キロメートル内陸の多賀城まで到達していた。この津波は、三陸海岸を激しく襲った一八九六年(明治二九)、死者二万七一二二人、マグニチュード八・五、また一九三三年(昭和八)、死者二六七一人、マグニチュード八・一の、両三陸津波よりもはるかに大きかったと推定されている。東北大学の今村文彦は、二〇一一年東日本大震災の津波は、貞観津波と同等もしくはさらに大きかったと推定している。当時の日本の総人口は約八〇〇万人といわれる。仙台平野、三陸海岸の人口は不明であるが、人口密度は現在よりはるかに少なかった時代、約一〇〇〇人の溺死者は想像を絶する大災害である。その事実だけでも、肝に銘ずべき災害である。

宮城県の女川原発では、貞観津波の重大性を認識し、一九七〇年に定めた敷地高三メートルを九・一メートルとし、敷地を一四・八メートルと高く造った。二〇一一年三月一一日の津波の際、地盤が一メートル沈下し、そこへ一三メートルの津波が襲ったが、八〇センチメートルの差で直撃を免れた。

貞観津波を考慮すべきであるとは、岡村行信によって二〇〇九年六月二四日と七月一三日、総合資源エネルギー調査会原子力安全・保安部会で指摘されていた。しかし列席していた東京電力の担当者は、岡村の警告を無視し、この段階では津波よりも耐震設計を重視したのであろうか。

筑後川の調査の経験から

一九五三年六月二五日から三〇日にかけての北九州大水害は、筑後《ちくご》川、白川、菊池川、矢部川などに、有史以来の大洪水、大水害をもたらした。この筑後川の大水害が、やがて世を騒がした蜂の巣城攻防（第3章に述べる）の発端となった。筆者は、水害の直後、筑後川を訪ね、この大洪水を調査した。この際、明治以来の筑後川流域の雨量や水位、流量の長年にわたる歴史資料なくして、研究成果を挙げることはできなかった。

上流域の熊本県小国には、森林測候所の一九一四年(大正三)以来の毎時間の貴重な雨量記録があった。筑後川の洪水記録は、下流の久留米の瀬下量水番に、一八八四年(明治一七)以来の実に三六五日、一時間ごとの二四時間水位記録があった。一年中、昼も夜も一時間ごとに地元の観測者が測ったのであるから、想像を絶する努力である。河川敷に小屋を自費で建て、夜はそこに泊り、家族ぐるみで一時間おきに水位を読んでいた。これを記録し保存した量水番の祖父は、明治天皇の命令だから光栄ある仕事だとのことであった。明治時代における地方に住む庶民の心情がうかがえる。

筆者の前に差し出された水位記録は、一年ごとに和紙で綴られ筆蹟も鮮やかであった。表紙は長年の塵で真っ黒で、はたきにかけないと字は読めなかった。この長年の記録から、明治以来、洪水の度に、洪水の出足が早くなり、各洪水の最大流量も徐々に大きくなったことを確かめることができた。それら洪水記録を、上流の雨量と対比できたのも貴重であった。

小国の観測所は、そのころ林野庁に属していた。担当者の上野巳熊は研究熱心な方で、自ら測った雨量と、下流瀬下の水位との関係に基づいて、大正末期、日本最初の洪水予報を出した。すぐれた成果であるが、林野庁の上司からは、それは内務省の仕事だ、余計なことをするなと叱られたという。

　ところで、久留米の量水番を訪ねた際、この資料を見に来たのは筆者が初めてと聞いて驚いた。当時の建設省筑後川事務所調査課長の野島虎治にこの記録について話すと、水文資料の歴史性を重視していた安藝《あき》皎一《こういち》(一九〇二～一九八五)の薫陶を受けたためか直ちにその重大さを認め、全記録の複写を取った。野島は後の松原・下筌《しもうけ》ダム所長、つまり蜂の巣城攻手の指揮官であった(第3章第2節参照)。

第2章　川にもっと自由を

穴太積みの護岸工
高知県仁淀川支流波介川河口付近．城造りに用いられた石積みの伝統工法を堤防に応用した例である（提供：国土交通省高知河川国道事務所）

「川は生きている」とか「川は一つの有機体である」としばしば言われる。まことに川の一生には紆余曲折が多い。川は地形の変動や氾濫、あるいは火山噴出物の堆積によってその姿を変える。第1章では、治水と水害の歴史に川の本性を垣間見た。川を知るにはどのようにしたらよいであろうか。人間が川にはたらきかけると、川はどのように変わるのであろうか。

1　堤防という文化

堤長うして

堤防、それを保護する護岸、堤防の前面に設置し、川の流れを誘導する水制《すいせい》（一七頁図1-1）、さらに取水のために、川を横断して設置する堰《せき》、現代河川技術が到達した巨大ダム——これらが川の周りの構造物である。なかでも堤は、日本では大和時代から、世界各地でもさらに古くから建設された最も代表的な治水施設である。自然に形成された堤防もある。河川の上流から流れてきた砂などが流路の岸に沿って形成した地形で、これを自然堤防という。

春風や堤長うして家遠し

与謝蕪村の俳詩「春風馬堤曲」（一七七七）は、娘が奉公先から休暇で里に帰省する道中を描いたといわれており、右の句には、懐しい長い堤を通ってわが家までの遠い道のりに望郷の情がうかがえる。蕪村の生家（図2-1）は淀川下流部の毛馬《けま》にあり、その少年時代、うららかな春の日には付近の堤をよく散歩していた。淀川には「食らわんか船」（舟客を相手にした飲食の売り船）がさかんに航行していた。堤は、郷土の川の風景に欠かすことができなかった。

蕪村の句は、堤は単に治水のためにのみ築かれるのではなく、周辺の人々と一体となった文化的存在であることを教えてくれる。

図2-1　蕪村の生地近く，淀川堤防上に立つ句碑（提供：国土交通省淀川河川事務所）

近代の堤防

明治以降、どの川にも立派な堤防が、より高く、広げられた河幅に似合うかのように壮大に築かれた。近代的河川改修によって、堤防と周辺の人々との関係は一変した。

昭和初期、主要河川事務所に勤めていた河川技術者は、壮大な堤防によって、洪水に対し、より安全となったことを誇りとしていた。一方、川縁りに住む主婦には若干の不満もあった。川で日常的に洗濯をしているのだが、洗濯場へ行くのがたいへん不便になったという。川縁りの人々は川で、農村の人々は用水路で、水路から遠い人々は井戸水で洗濯するのが習慣であった時代である。つまり、見上げるように高くなった堤防は、庶民の川に対する日常的親密さを心ならずも妨げることにもなった。

河川技術者は、堤防をあくまで治水安全度の向上のために築いた。堅固な堤防建設を目ざすことが絶対的であった。江戸時代の堤も、洪水から土地と住民を守るために築かれたのではあるが、集落の大きさに見合った適当な大きさであった。実際は前述の自然堤防を補強した場合も多く、堤防の自然性は保たれており、巧まずして人々の親しめる場となっていた。

コンクリートから自然工法へ

一九六〇年代前後の高度成長時代には、あらゆる河川構造物は安全に重点を置き、堤防はまず第一に頑丈でなければならず、堤防を覆う護岸にはコンクリートが喜ばれた。甚だしい場合は、河幅の狭い小河川や水路に、河床までコンクリート張りにする、いわゆる三面張りが流行した。到底庶民に親しめるわけはないと思われたが、当時それを頼もしく現代風であると歓迎した地元の人々もけっして少なくなかった。経済最優先の時代には、自然への静かな愛情は吹き飛ばされ、自然に対する価値観さえ揺らいでしまったのである。

やがて一九八〇年代に環境重視の時代になると、三面張りは嫌われ、コンクリート護岸は敬遠され、自然材料としての石材や植生が復活した。しかし、伝統技術を伝承する石積み職人はすでに激減し、強度も景観もすぐれた石積み護岸はめったに見られなくなった。

一九六〇年代以降、ドイツ、スイスを中心にヨーロッパ各国で普及した「近自然」河川工法と、わが国で一九九〇年代以降普及した「多自然」河川工法の狙いはほぼ同様である。自然生態系を考慮し、堤防護岸などにコンクリートをなるべく使わず、石材・植生などの自然材料を極力多用するようになった。強度の点ではコンクリート護岸に少々劣るが、多自然河川工法は治水の安全度を落とさず、入念に維持管理すれば、強度の点でもそれほど心配ない。

高度成長期に強度のみを専ら求めた堤防が、安全性とともに自然との共生をめざす本来の姿勢に向かいつつある。この工法は、河川生態系保全を科学的根拠としている。高度成長期までの極端な人工化への反省から誕生したのである。

穴太積み

穴太《あのう》積みは、元来、城の石垣造りに用いられた、自然石のまま積む伝統工法である。滋賀県の安土城天守閣近くに、信長の命を受けた木下藤吉郎によって見出された石工集団が世に認められ、今日の大津市坂本の粟田建設に引き継がれている。現在はもっぱら城の石垣修理に用いられるが、河川護岸では、高知の仁淀《によど》川支流波介《はげ》川(本章扉写真)、大津の生津《しょうず》川に採用された。新名神高速道路の信楽区間の法面《のりめん》下部にも積まれている。

穴太積みを河川護岸に積み上げるのは、強度の点でも、景観、生態系保護の面でも望ましいし、工事費もとくに高価ではない。しかし、特定業者にしかできないので、普及は一般には難しい。

堤防から周辺を眺める

堤防に親しむ手段として、堤防の勾配を緩くするのは効果的である。緩勾配は川に集う人々の心をなごませる。堤防によって守られる農地や宅地の側を堤内地、流水の側を堤外地と呼ぶが、堤内側はもとより堤外側も緩勾配であれば、平常時にはそこに坐って川を眺め、川の流れとその調べを実感でき心がなごむ。石狩川など北海道の河川では緩勾配堤防を評価し、丘陵堤と呼んで普及に努めている。緩勾配は広い敷地を要するので、土地を得るのが困難な都市河川では難しい。

都市河川では堤防のために土地を確保するのも堤防を高くするのも容易でないので、緩勾配は無理である。そこで河川の流れる側だけ洪水の侵入を防ぐため高く薄い壁を立て、特殊堤と呼んでいる。望ましくはないが、部分的に堤防を高くする姑息な手段である。「特殊堤」という呼称が、技術者のやるせない苦衷を感じさせる。

スーパー堤防

一九八七年(昭和六二)、河川審議会において、建設大臣へ「超過洪水対策及びその推進方策について」が答申された。超過洪水とは、治水計画で目標としている洪水流量を超える洪水をいい、その対策は治水の重要政策である。ここで提起されたのが高規格堤防、いわゆるスーパー堤防である。

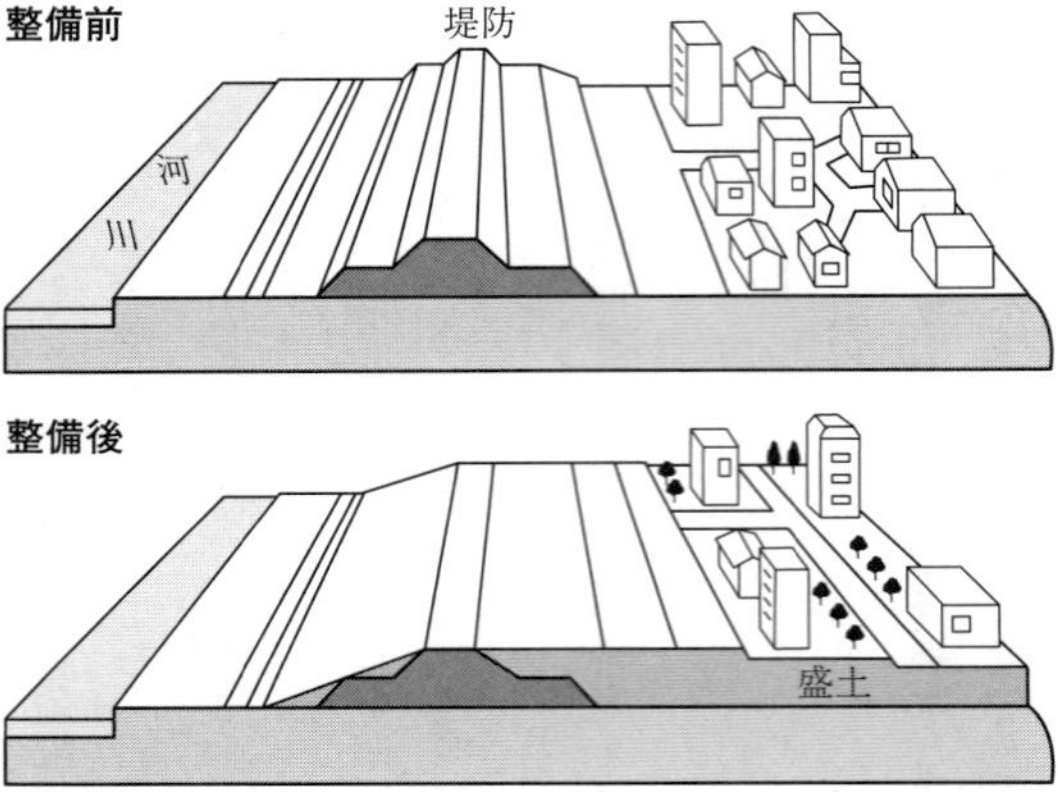

図 2-2　高規格堤防（スーパー堤防）の概念図（国土交通省の資料に基づく）

東京などのゼロメートル地帯は、人口と資産が集中し、中枢機能が集積している一方、水害にきわめて弱い。スーパー堤防は、従来の水害に弱い後背地に幅広く盛土を施して、耐久性の優れた堤防とする事業である（図2-2）。東京や大阪の超過洪水に備える抜本的対策として、法を整備し、実行に移された。対象河川は、東京地区の利根川、江戸川、荒川、多摩川、大阪地区の淀川、大和川の計六河川である。

しかし、二〇一〇年、行政刷新会議の事業仕分けにおいて、スーパーコンピューター、スーパー林道などとともに槍玉にあがった。事業費があまりに多額で、進捗率もきわめて低く、いつ終わるとも知れない事業は止めるべきとの趣旨であった。これに対し国土交通省は、安全な国土形成の重点施策としてのスーパー堤防の全廃は避けるべきとの意図から、「高規格堤防の見直しに関する検討会」を二〇一一年に立ち上げた。検討会の結果、整備区間を、ゼロメートル地帯や密集市街地で浸水深の深い地域を防護する区間に縮小した。一方、共同して整備するまちづくりにおいて土地の有効利用と高度化を進め、工法や移転方式を見直して、工期やコスト縮減に努めることにした。

堤防への信頼

堤防から堤内地を俯瞰すれば、堤防によって守られている農地や住宅地の状況によって、住民が堤防にどれだけ信頼を寄せているか、もしくは無視しているかがうかがえる。

古くからの農家では、氾濫に備えて川に面した垣根に樹木を配し、見事な景観を形づくっているのを見ることがある。農家が一斉に河川側に屋敷林を配しているのは、過去数十年間に何回も破堤によって氾濫したからであろう。もっとも屋敷林はもっぱら卓越風から家を守っている場合も多い。とはいえ、農村にも都市化の波は激しく、このような風景は徐々に失われている。

都市の新興住宅は堤防を固く信頼し、堤防が破れた場合を考慮して樹木を備えたりはしてい

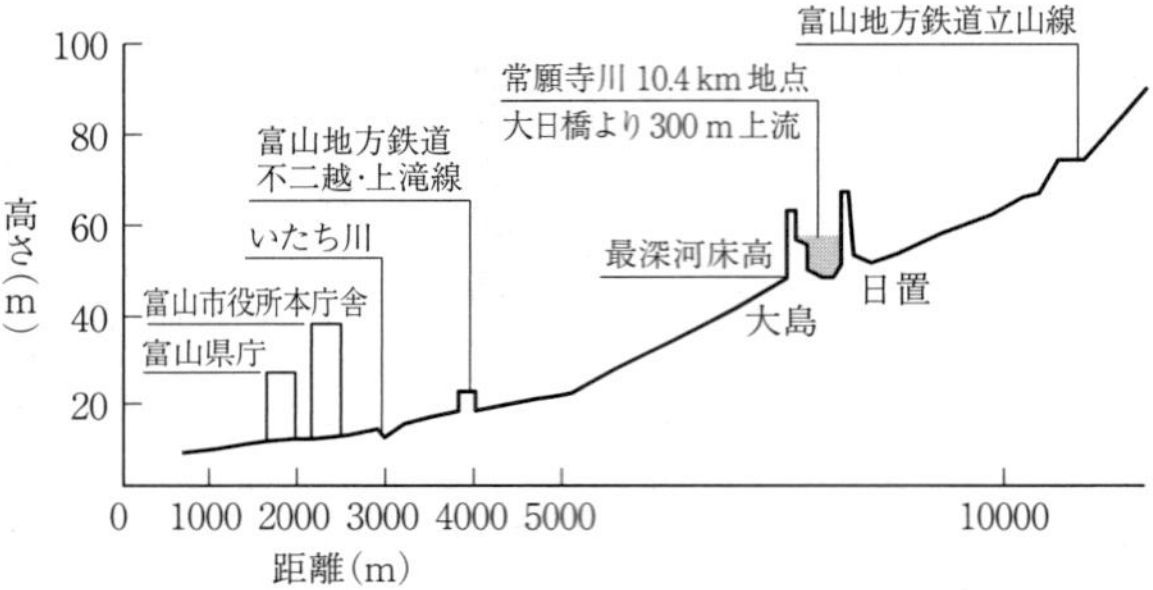

図 2-3　天井川としての常願寺川(国土交通省立山砂防事務所の資料に基づく)

ない。

危険な天井川

急勾配で土砂流出の多い川には天井川が多い。天井川は、河床の高さが堤内平地の地盤より高い川である。北陸の黒部川、常願寺川、東海道の富士川、安倍川、大井川、天竜川などがその例である(図 2-3)。天井川が一旦破堤すれば、滝のようになって氾濫するので、危険である。

堤防に立って、河床と堤防によって守られる土地の地盤高を比べ、さらにそれらの土地がどう利用されているかを観察するのも楽しい。

2　信濃川の分水とその後遺症

第1章では、治水や開発が河川を大きく変えることを述べた。ここでは、河川に技術を加えた結果、思いがけない後遺症が発生した典型的な事例を紹介する。

新潟海岸の決壊

一九四九年(昭和二四)、初めて新潟を訪れた筆者は、海岸近くの日向山《ひよりやま》から海を眺めて驚いた。沖合はるかにコンクリートブロックが横たわっていた。元の気象台の建物だという。そこはかつて陸地であった。したがって、少なくとも一〇〇メートル以上、海岸の土地が削られたことがわかる。県の海岸保全事業によって、何とかそれ以上の決壊を防いでいた。その保全事業を実施しなければ、今ごろは新潟の繁華街を含む中心部も海の中だったであろうとの説明を聞き、ことの重大さを知った。

筆者は、大学の級友たちと卒業論文のための調査に来ていた。卒論のテーマは「大河津《おおこうづ》分水《ぶんすい》が信濃川と周辺環境に与えた影響」であった。大河津分水とは、信濃川の洪水から新潟平野を

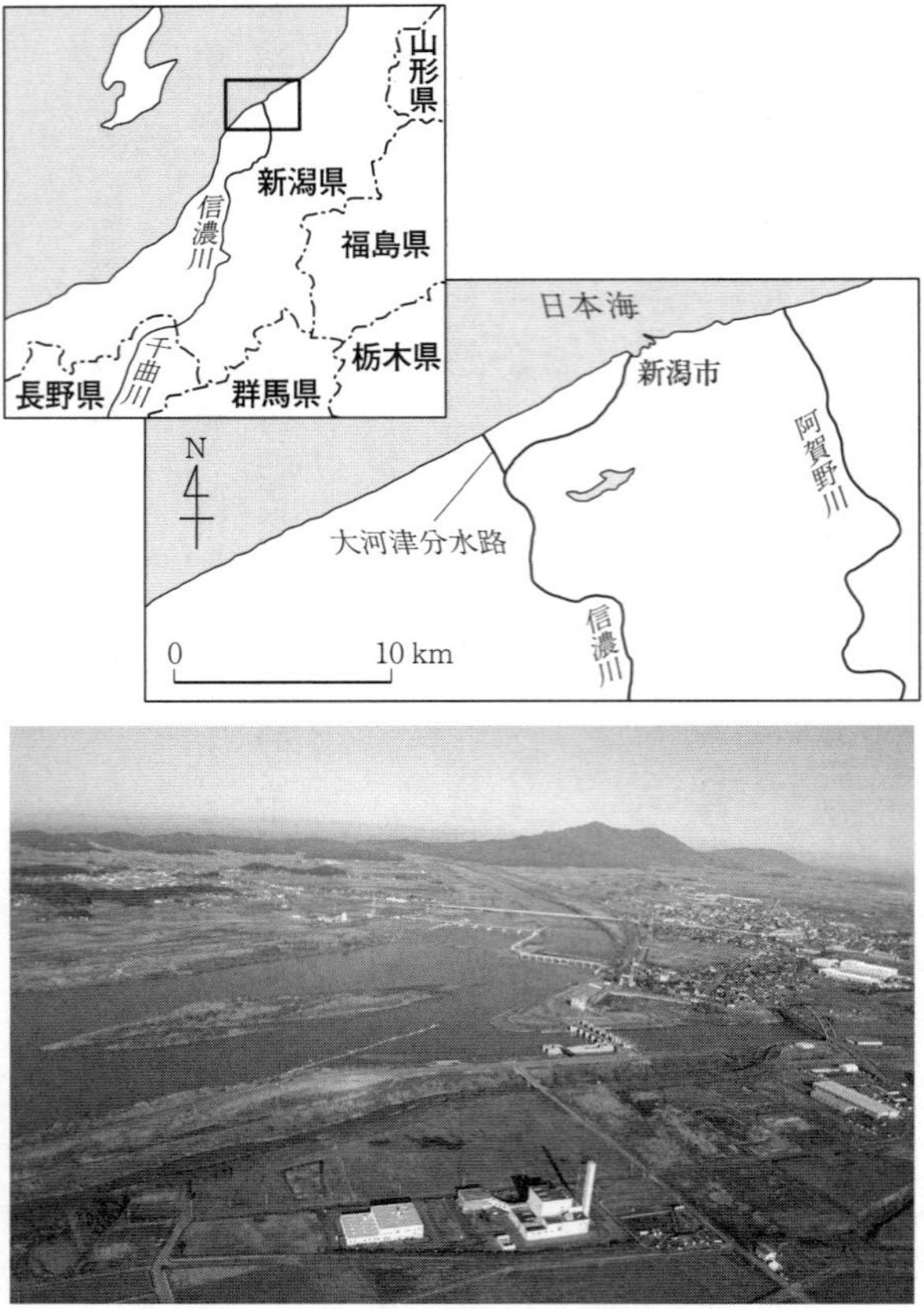

図 2-4　大河津分水
分水地点から北を望む．上方が日本海へ流れる大河津分水路，右方が新潟市へと流れる信濃川．写真奥右寄りに見えるのは弥彦山(2011 年 12 月撮影，提供：国土交通省)

守るために、大河津地点から日本海へ向けて掘削した長さ一一キロメートルの放水路である（図2-4）。信濃川大洪水を従来の信濃川と新しい放水路に分けるので、分水と名づけられた。放水路の入口に当たる大河津は、河口の新潟市から五五キロメートル地点にある。

安藝皎一から与えられたこのテーマは、後から考えると、時代を先取りしていた。その当時、多くの研究テーマは、工事の技術的方法やその効果を調べることであった。河川工事のみならず、あらゆる公共事業が環境に与える影響が重要視されるようになったのは、一九七〇年代以降のことである。

大河津分水の完成

大河津分水の計画は、実に江戸時代にさかのぼる。この地域は農民にとってまことに厄介な低湿地帯であった。水はけが悪く、貯まった水はなかなか動かない。新潟平野はしばしば信濃川の水害に見舞われていた。分水の発想はあっても、その当時は技術的にも財政的にも実行困難であった。明治初期に立てられた計画は、紆余曲折を経て、一九三一年（昭和六）六月二〇日に完成した。放水路は地すべり地帯を通っていて難工事であった。第二次世界大戦以前の内務省の河川事業のなかでも屈指の大事業であった。

当時、北陸地方一帯の治水の総責任者で、敬虔なキリスト教信者であった青山士《あきら》(一八七八〜一九六三)は、大河津地点に「萬象ニ天意ヲ覚ル者ハ幸ナリ、人類ノ為メ、国の為メ」の記念碑を建てた。当時の指導者の心意気がうかがわれる。

大河津分水の完成後、新潟平野の大水害は根絶した。もっとも、大河津から下流で右岸から信濃川本川へ合流する支川の五十嵐川や刈谷田川の中小洪水によって、信濃川下流も相当量の出水に見舞われることはある。しかしこれは、上流の長野県から流れて来る大洪水と比べれば、はるかに小規模の洪水である。

大河津分水の完成により、新潟平野の稲作は安定し、米の産地として有名となった。

後遺症

大河津分水は以上のように所期の目的を達したが、その後、後遺症に悩むこととなった。その一つが本節冒頭に触れた新潟海岸の決壊である。

放水路の建設以後、洪水流はもっぱらこの放水路を流れ、新潟の河口に通ずる旧信濃川には、大部分の洪水流量が流れて来なくなった。旧信濃川に大洪水が来ないように大工事を実施したから当然である。洪水流と同時に、洪水が運ぶ大量の土砂も新潟河口には来なくなった。その土砂は、放水路からその河口の寺泊《てらどまり》海岸方面へと流れることとなった。

旧信濃川河口周辺の新潟市の海岸線を養っていたのは、信濃川洪水が運んだ土砂であった。海岸付近の沿岸流はつねに海岸を浸食する勢いであるが、信濃川洪水が運ぶ土砂が河口から海へ向かって流出し、沿岸流が海岸を削る攻撃とほぼバランスが取れ、新潟海岸が維持されていたのである。大洪水の土砂が来なくなった新潟海岸は、そのバランスが崩れ、海岸は浸食されてしまった。

一方、分水河口の寺泊海岸は、大量の土砂流入に当惑した。河口の西側の寺泊漁港は、土砂流入によって水深が浅くなり、その対策を余儀なくされた。現在では、その土砂によって誕生した砂浜は海水浴場となり、魚市場となって繁昌している。

河床上昇と排水ポンプ

分水完成後、洪水時の土砂流の異変は、海岸問題だけでなく、他にもさまざまな厄介な現象をひき起こした。

洪水時には、河床の土砂を動かそうとする掃流力が河床に働く。洪水が来なくなるとその力が衰え、河床に土砂が堆積していった。旧信濃川の河床は徐々に上昇し、周辺の水田から信濃川への排水が困難となった。かつては水田から重力のままに河川や水路などへ自然に排水できたが、河床が高くなると、強力なポンプを備えて排水しなければならなくなった。

排水の効率を高めるために、とうとう東洋一と称する大型排水ポンプ機場が設置された。農業関係者はそれを自慢するようにさえなった。一九五〇年代後半、外国の農業水利専門家がこの地を訪ねた際、この自慢話を聞いて驚いた。「日本は、こんなにまでして米価を高くしていいのですか。」しかし、現場にいた土地改良区や農政の担当者は、その意味をまったく理解しなかった。敗戦直後から高度成長期にかけて、農民はもとより、農政担当者の多くは、米価を国際価格と比べて検討する感覚がほとんどなかったとしか思えない。

分水竣工から新潟海岸浸食、排水不良、大規模排水施設へのストーリーは若干単純化しているが、河川大事業は所期の目的は見事に達成しても、さまざまな面に意外な影響が及ぶことを教えている。

大河津分水による思いがけない影響は多面的であった。大河津下流の旧信濃川は、もはや大洪水流量が流れなくなったので、河幅は広すぎた。昭和初期、信濃川の舟運はなおかなり盛んであった。しかし、河床が上がり、河幅が広すぎると、川筋の流れは不安定となり、航路に都合の良い澪《みお》(川の断面の深い部分を流れ方向に連ねた線で、船の運行に適した水路)は定まらず、舟運は不便になった。信濃川下流部の灌漑排水、舟運などの状況変化に応じて、新たな河川事業が必要となったのである。

大学講義の反省

一九五〇年代後半、ある大学の非常勤講師として河川工学を担当していた筆者は、信濃川大河津分水の前述の後遺症を詳しく講義し、学期末試験に出題した。その答案の一枚が、「新潟海岸決壊の原因となったのであるから、この工事は大失敗であった」という。筆者は驚き、かつ講義の説明の仕方が不十分であったのかと、いたく反省した。その学生は、中間の経過はともかく、大河津分水は大成功であったことを強く意識していたために、それによって海岸決壊という災害相当の事態を招いたことが衝撃的だったのであろうか。

分水による海岸浸食の進行を事前に的確に予測することは、当時としては難しかったであろう。大河津分水から流す流量の制御はできるが、土砂を分離することはできない。

河川技術者は、河川という自然と共存して、その自然力を少しでもその時代に有益に利用できるように努力してきた。河川に技術を加えると、それに伴うマイナスの影響は、多かれ少なかれ必ず発生すると考えるべきである。その兆候を注意深く観察した上で、望ましくない影響に対処するために次の技術を考えなければならない。言い換えれば、河川技術者は、河川という自然と、永遠に詰まない将棋を指しているようなものである。

3 河床の土砂

飛鳥川

世の中はなにか常なる飛鳥川
　昨日の淵ぞ今日は瀬になる　（詠み人知らず）

飛鳥川は奈良県中部、畝傍山《うねびやま》と天香具山《あめのかぐやま》の間を流れ、奈良盆地の中央で大和川に合流する。この辺りは人々の往来も多く、飛鳥川は万葉集や古今集などに多く詠われている。右の古今集の歌は、飛鳥川の淵と瀬、すなわち洲の変化の激しさに驚き、あるいは強い興味を抱いた人が、それを人の世の変遷になぞらえたのであろう。

日本の川の上中流部には砂利河床が多く、洲の移動光景がしばしば見られる。日本人は古くから、不規則に見える川の流れと河床の洲の変化に強い関心を持ち、その観察を楽しんでいた。

川を楽しむようになると、あたかも動植物を観察するように、毎日見に行かないわけにはいかない。その変化の様子を瞼に収めることにより、川との一体感も得られたであろう。

特に、河川技術者はもとより、川辺に住む人々は、少しでも流れが増減したときの河床の変化は興味津津、それを観察せずにはいられない。洪水ごとに変化する土砂移動に、その川の特性が如実に表現される。川の研究者や川を愛好する人々にとって、川を見るキーポイントのひとつであり、川に親しむ醍醐味でもある。

川の神様

川は、水のみの流れではない。水と土砂が渾然一体となって流れる。特に、洪水のときに流れる土砂の挙動こそ、堰や堤防など河川施設の効果、維持管理にとって重要な問題である。洪水や河川工事によって、土砂がどのような影響を受けるか、河床の洲の変化は、川の個性を読み取る上で深い意味がある。

一九五〇年代、河川技術者鷲尾《わしお》蟄龍《ちつりゅう》（一八九四〜一九七八）とともに、山梨県に御勅使《みだい》川の砂防ダムを訪れた。御勅使川は富士川上流釜無川の支流にあたり、奈良時代に洪水後に都から勅使が来たことにちなんで名づけられた。武田信玄が治水に実績をあげたことでも知られる。

鷲尾は戦前、もっぱら富士川や富山県の常願寺川など、治水の難しい急流河川を担当し、いくたの卓抜な工法を実施していた。川の土砂移動を観る眼識は、一般の河川技術者の思い及ばぬ非凡さのゆえに、「川の神様」と呼ばれていた。

鷲尾によると、砂防ダムの上流側に堆積された土砂は、一年以内の出水であれば、個々の砂礫の向きはおおむね同方向であり、つい最近の出水であれば周辺の樹木に流失物が引っ掛かっているなど、ふだんとは異なる光景が認められる。さらに、革靴でなく地下足袋で堆積土砂の上を歩けば、足の裏の感触で締め固まり工合がわかる。出水から数か月後であれば、締め固まり度が弱い。

本当かなと思いつつ伺っていたが、地下足袋の感触、目で確かめる周辺の状況、それに記録されている洪水情報などを総合しての判断であろう。要するに鷲尾は、五感、あるいは第六感も動員して川とその周辺を観察していた。

御勅使川の流路工

富士川のような、河口まで急流が続く河川では、堤防の下部および、その前面に置かれる水制の基礎は、相当に深く設置しないと、洪水時に簡単に覆されてしまう。

一九五〇年代後半、富士川上流、御勅使川に完成して間もない流路工《りゅうろこう》を、安藝皎一と訪ねた(図2-5)。流路工とは、扇状地の急流部に、流路を横断して設けられる構造物である。洪水による氾濫を防止するとともに、特に流路の浸食を防ぎ、周辺堤防の護岸と組み合わせて、流路を安定させることを目的としている。

図2-5 御勅使川の流路工(筆者撮影)

現場を担当した技術者は、熱意を込め自信に満ちて、その流路工の意義といかに工事費を要したかを説明した。当時としては、また御勅使川のような小河川にはきわめて壮大に見えた。それを静かに聞いていた安藝は、微笑を浮かべながらただ一言、「まるでお庭のようだね」と言った。この流路工は見栄えに重点を置きすぎ、本来の役割をほとんど果たしていない、という意味である。当時、工事費の多いことを自慢する行政担当者はけっして少なくなかった。現在でも、河川構造物を設計する技術者には、造園家を真似て、仕上げの見栄えを必要以上に強調する傾向がある。多自然河川工法の隆盛とともに、その傾向はいよいよ強い。

重要なことは、外見や工事費ではなく、その機能である。

上流と下流

一九五〇年代当時、河川上流部の土砂流出を抑制する林野行政に属する砂防事業と、中下流部の河川改修を担当する内務省の河川行政の土砂のコントロール方針が異なることがあった。それは特に、土砂崩壊が激しく、治山に苦労する山地荒廃の急流河川の場合にみられた。要するに、それぞれ自らの管理責任の範囲内に災害を発生させないことを最重点と考えていたといってよい。

上流部の砂防担当技術者は、所管する管理区間の土砂流出抑制にもっぱら熱心であり、それが下流の改修区間に与える影響について十分には考慮していない例が多かった。下流側の河川改修区間へは、ある程度の土砂供給が必要である。土砂供給量が少ないと、前述の流路工などの下流はもとより、下流側の河床が洗掘《せんくつ》(流れによって土砂が削り流されること)により低下してしまう。すると河川改修の立場からは、不都合が発生する。現在では、河口から沿岸区間への土砂流出の減少によって、安倍川や天竜川のように河口周辺の海岸決壊が発生している河川が多い(第3章第4節)。

河床の土砂移動に関わるのは、上流山地の土砂生産、それを防ぐ山腹砂防、渓流に流出した土砂が一度に流れることを抑制する渓流砂防、中下流部の土砂移動、ダムによる堆砂、河口から出た土砂の管理など多岐にわたる。現在でも、それぞれが異なる行政に管理されている。砂防、河川改修、海岸保全、そして砂利採取（一部河川）などを総合的に把握して、全水系としての土砂流送計画を樹立すべきである。近年、土砂流出の多い河川のなかには、全水系の土砂計画がようやく検討されているものもあるが、個々の行政の対応はけっして十分ではない。

図 2-6　常願寺川上流水源域の砂防ダム群（提供：国土交通省立山砂防事務所）

常願寺川の巨石

富山市の常願寺川事務所では綿密なリハーサルが行われていた。「河口から何キロメートル上流右岸にあった大きな石は今どこにあるか」といった質問がつぎつぎに出される。その翌日、河川事務所の顧問である鷲尾蟄龍が現場を訪れるのである。

安政五年(一八五八)、安政地震の際に常願寺川の水源地で大崩壊が起こり、それ以来、常願寺川では洪水の際に大量の土砂が流れ下るようになった。それをコントロールするために、大規模な砂防施設群が建設された(図2-6)。直径四メートルを越える巨石が流され、流域にいくつも残されている(図2-7)。

鷲尾は、年数回現場を訪ねては、旧知の石に出会うのを楽しみにしていた。河床にある巨石の動きから、河床の変動を推定し、河床を安定させる工法を考えるためである。巨石や砂礫群の動きは、特に常願寺川のように土砂移動の激しい川にとって、治水のための基礎情報である。

図2-7　安政5年の土石流とともに常願寺川を流れ下った「大場の大転石」(提供:富山県)

急勾配の砂礫河川では、平常でも河床の下に相当量の水が流れている。これを、伏流水《ふくりゅうすい》という。その流れは、洪水時には河道の外に地下水を供給し、平時は逆に周辺の地下から河道の下へと流れる。しかし、何せ肉眼では見えないし、地下水の測定は容易でない。井戸を掘ると地下水の状態がわかる。そこで河川技術者は、「地下水のことは熟練の井戸屋に聞け」という。

小洪水の観察が大洪水を予測

たとえ小洪水であろうと、堤防とその前面に置かれている水制などの河川構造物の周辺の土砂の動き、例えば洗掘または堆積の状況には、変化が必ず発生する。これらの注意点は、川釣りのベテランも恐らくよくご存じであろう。釣場を探すのに重要な情報だからである。

これらの変化は、いずれ来襲するであろう大洪水の際の初期段階を示している場合が多い。小洪水の際の土砂移動を仔細に観察し、少しでも堤防を覆っている護岸に破損があれば、その原因を仔細に調べ、それを改良し、修復しておけば、大洪水が来たとき、堤防とその周辺の欠損をある程度防ぐことができる。

多摩川水害訴訟

小洪水の軽微な被害から、大洪水の被害を予測できるか否かが争われた事件がある。東京都と神奈川県の境を流れる多摩川下流での破堤に関する水害訴訟での争点である。

一九七四年(昭和四九)九月一日、台風一六号による洪水のため、東京都狛江《こまえ》地点で多摩川左

図 2-8　決壊した多摩川堤防
1974 年 9 月 5 日，東京都狛江市．(上)流された家屋，(下)中央が宿河原堰左岸の堤防の決壊箇所．左側に見えるのは小田急線の鉄道橋(提供：国土交通省京浜河川事務所)

岸堤防が決壊し、堤防近くの一九棟が流された(図2-8)。被災者のうち三三人が多摩川水害訴訟団を結成し、建設大臣を相手に、この災害は河川管理者に責任があると提訴した。筆者は原告・被告双方の共同推薦の証人となった。

この大洪水は、洪水流が堤防を乗り越えたのではなく、農業用水取水のための宿河原堰左岸下流部の付け根部分の洗掘が拡大して、堤防が削れるようにして破れたのである。ここでは一九六五年に小洪水が発生しており、このとき、この堰の付け根部分の堤防を守っていた護岸の一部が破損していた。原告は、六五年小洪水の際の破損状況は、七四年大洪水の際の破壊の初期段階と類似しており、それを仔細に観察し、その段階で原形復旧でなく、護岸の基礎の破損をより堅固に修復していれば、七四年洪水による破堤は防げたはずであると主張した。

原告の主張に対し被告側は、六五年洪水の破損状況から、それよりはるかに大きな洪水時の破壊状況を予測するのは無理であると主張した。

両者から攻め立てられた筆者は、六五年の堰の付け根の被害状況を見て次の大洪水を予測できてこそ、優れた河川技術者であると陳述した。これに対し、被告側(建設省河川局)は、激怒したといわれる。重要な争点に関して、被告側に不利な証言であったからである。筆者としては、小洪水の際の堤防やそれを守っている護岸や水制の破堤を仔細に調査することは、河川技術者にとって必須の観察能力を問われると考えていたからであり、筆者と同見解の河川技術者は何人もおられた。

もっとも、国が訴えられる裁判においては、担当省庁と担当公務員は、その裁判に負けないことが自らの省を守り、省の伝統を守ることであると考え、さまざまな方法を編み出して懸命に努力する。裁判の争点について、河川技術向上に向けて検討する姿勢がとられるならば、大局的長期的に裁判は役所にとっても有意義になりうるであろう。

ここから得られる教訓は、たとえ小洪水による小被害でも軽視せず、その状況を丁寧に調べ、それが来るべき大洪水の初期段階である可能性を察知することである。ひいては、日常生活における小さな失敗をも無視せず、人生の教訓としないと大過を招く恐れがあるということにもなる。

七九年一月、東京地方裁判所の判決が下り、原告側の主張はほぼ全面的に認められ原告勝訴。被告は直ちに東京高等裁判所へ控訴。八七年一月二五日、逆転判決で被告勝訴。原告は最高裁へ上告。九〇年一二月一三日、最高裁は高裁判決を破棄、東京高裁へ差し戻した。九二年一二月一七日、東京高裁による二度目の判決は、原告住民側のほぼ全面勝利で結審となった。被災から一八年を経ていた。

4　河川事業に伴うマイナスの影響

第2節で述べた大河津分水は特殊な例ではない。影響の種類や程度の差こそあれ、分水工事に限らず、蛇行河道をまっすぐにする捷水路《しょうすいろ》(ショートカット)といわれる工事など、治水、利水の目的で行う各種工事によって、その工事区間の上下流の河床が上昇したり、下降したりするのは、むしろ当然の反応である。

ダムの光と影

二〇世紀に入って、特に第二次世界大戦後のことであるが、世界各地でダム建設が活潑になった。ダムがもたらす利益は、洪水調節、水力発電、農業用水、工業用水、飲み水など生活用水の供給など、きわめて多面的で大きく、河川技術の花形とさえなった。

現在、日本のダムの総計は約三〇〇〇にも達する。古くから建設し続けてきた農業用ダム(溜池を含む)を除けば、大部分は一九二〇年代以降の建設である。特に堤高一〇〇メートルを越す大ダムは、一九五六年完成の天龍川の佐久間ダムが最初で、主として一九五〇年代後半以降である。一九五〇年代から七〇年代にかけてのダム建設による電源開発、水資源開発、洪水調節によって、戦後の国土復興、高度経済成長へ大きく寄与した。すなわち、この時代のエネルギー源としての水力発電、工業化を支えた工業用水、都市化による水道用水需要急増への対応、そして大洪水頻発時の洪水調節などである。

しかし、河川を堰き止め人造湖を誕生させることは、河川に従来の河川事業とは比較にならない大手術を施すことに相当する。ダムは河川の流れを遮断し、土砂をはじめ流過する物質を一時的に止め、魚など水生生物の河川での往来を止める。すなわち、河川を媒介とする水と物質循環を乱し、生態系を攪乱する。世界的に環境問題が重視されるようになった一九七〇年代末以来、ダム湖の堆砂、水質悪化が問題視され、次いでダムによる生態系破壊が強く糾弾されるようになった。

いわゆるダムブームの七〇年代まで、ダム建設は土木技術者の憧れの的であり、マスメディアもあげてダム建設推進を唱えていた。一九六四年の東京オリンピック直前の東京の深刻な水不足に際しては、メディアはこぞって東京都水道局を無策と攻撃し、小河内《おごうち》ダム(水道専用、一九五七年完成、奥多摩湖はその貯水池)に次ぐダムを、なぜもっと早く造らなかったのかと攻撃していた。しかし、八〇年代以降は、すべてのダムは環境破壊であり、不用であるかのように非難され、建設中のダムまで中止されると環境学者やそれを支持するマスメディアから賞賛され、一部の既存のダム撤去を世論が支持するようになった。

このような世論、マスメディアの変化の背景には、日本の河川が、戦後復興から高度成長期にかけ、技術の進歩と、拡大した財政に支えられて、各種の河川改修、ダム、堰の建造に熱心に取り組んだあまり、きわめて人工化し、自然としての親しみを失い、人々が近づきがたい状況になってしまったことがある。

日本の治水をどう見るか

第1章では、第二次大戦後に連続大洪水をもたらした構造的原因として、明治改修の治水方策を指摘した。

明治中期以来、日本の主要河川に果敢に実行された治水事業を、どのように評価すべきか。しばしば大氾濫を繰返してきた石狩川、北上川、信濃川、利根川、木曽川、淀川、吉野川、筑後川などの水害頻度は、明治改修によって激減した。これらの河川の下流の沖積平野は、明治から昭和にかけて、日本の近代化をもたらした晴れの開発舞台であった。明治以降、日本の治水は重点的に沖積平野を守ることをめざしてきた。全国の主要河川の沖積平野の治水安全度を向上させたことは、この画期的治水事業が日本の近代化を支えた社会基盤であったことを物語る。しかし、第二次大戦後に連続的に国土を襲った大型台風や梅雨豪雨には堪えられなかった。戦中戦後、国土保全力が衰退していたことが、この時期の全国的大水害の頻発に拍車をかけたといえよう。

主要河川の大洪水流量が増大してきた別の要因として、流域における開発の進展がある。これに関する精密な解析はないが、明治以降の開発によって流出係数(流域内の総雨量に対する、河道への流出量の比)が増したと推定される。特に都市化と工業化はその対象の土地の形態を変え、降雨の地下への浸透量を減らすからである。丘陵や傾斜地の開発もまた、流出係数を増す。明治以降の国土開発と歩調を合わせるかのように、主要河川流域の沖積平野の人口は増加し、開発は進み、その地域の流出係数も増大して、大洪水時の洪水流量増加に一役買っていたと考えられる。

大河川流域で数十年を要した洪水現象の変化が、都市においては小規模ながら逸早く発生した。第1章で述べた都市型水害である。流域の土地利用の変化が急速であり、短年月で洪水の性格に著しく影響している。

治水はどうあるべきか

治水対策は堤防やダムなどの施設にのみ依存するのではなく、流域の土地利用とともに計画しなければならない。治水は元来総合的であるべきだが、行政も学問も分業による形式的能率向上にひた走り、治水行政は河道に建設される施設管理の役割だけをになうようになってしまった。それが〝総合〟行政の壁となる。

都市水害の激増への治水手段として、建設省河川審議会では一九七七年、総合治水対策を提示した。都市水害対策を念頭に、従来の治水施設にのみ依存せず、全流域を考慮する治水、すなわち、流域の持つべき保水・遊水機能を確保し、河道への流出を抑制し、合わせて、治水以外の関係部局、関係住民の理解と協力を求めたと理解できる。

この総合治水対策は、都市河川流域に関しては効果を相当程度発揮した。本来、総合的な治水対策を広く多くの河川流域に普及させたいが、対象が広くなるとコストが増大し、かつ多くの省庁の権限に関わることもあり、その実現は難しい。

その後も、二〇〇〇年には総合治水をさらに進める河川審議会答申が出された。また一九九九年の広島豪雨土砂災害や二〇〇〇年の東海豪雨の後、それぞれ新法が用意され、災害危険区域への開発規制が定められ、被災区域については総合治水の考えが限定的ながら適用されている。しかし、都市および地域計画に全面的に総合治水の理念を普及するには、土地利用に関係する開発行政の境界を超える必要があって容易でないのが実情である。

河川にもっと自由を

戦後の激しかった河川事業は、自然としての河川の自由を奪いすぎた。河川は本来、ときには手足を伸ばして氾濫したいとの強い意志を持っている。放水路は、洪水を無理矢理に一つの河道に押し込めず、洪水のエネルギーを分散させることによって、川の自由をある程度保証しているのである。遊水地も同じく、河道に閉じ込める不自由から、洪水の一部が一時的にゆっくり遊べる自由を河川に与えているのである。

むしろ普段の川において、水生生物や川縁りの草花に囲まれて悠然と流れるときにこそ、川の自由は豊かに保たれている。川にとってどういう状況が自由なのかは、川を観察する力を研ぎ澄ますことによって初めて知ることができる。水質を悪化させたり、魚など水生生物を傷めることは、川から最も自由を奪うことになる。観察力は、常に変わり行く流れの性格、河床の土砂の動きを、丹念に眺めることから始まる。戦前には、どこにもいつでも、川を毎日眺めなければ気が済まない技術者がいた。その鋭い観察によって、それぞれの川の特性を摑み、その姿勢でいくつかの川を経験し、渇水や洪水時の川とともに生き、人々に生活を楽しませつつ、洪水の被害を軽減させるために、その川の自由とどのようにつき合うかを、川縁りを歩きながら、あるいは堤防に坐り込み、川と一体になって考えていた。

現在の徹底した管理社会では、技術の用い方はすべてマニュアル化することを目標としている。それのみでは、河川技術を真に伸ばすことはできない。映像および計測技術を含む情報技術の目覚ましい発達によって、時々刻々の、川の現象を微細に捉えることができるようになったのはすばらしい。しかし、それは川の流れ、土砂の流れを部分的かつ瞬間的に捉えたにすぎない。瞬間現象の積み重ねからのみでは、川の全体像を捉えることはできない。むしろ、さまざまな数値情報の氾濫に溺れる危険につねにさらされている。そのために、肉眼で水や土砂の流れを眺め、それと河川構造物との関係を捉える姿勢の軽視につながることを恐れる。情報氾濫に直面して現象の理解が軽視されるのは、河川だけではないであろう。こま切れにされた川の物理現象に満足せず、川を毎日のように眺め、川縁りに集まった人々の歓声を脳裏に畳み込むことによって、その川のこころを知り、川が何を言おうとしているのか、その声を聞けて初めて、川への愛は芽ばえ、それに裏づけされた河川計画が樹立されるに違いない。

今日、河川事務所には大量の情報が殺到し、所員はその処理に追われる。環境を守る熱心な住民への対応、仕事や調査などに関する入札事務など、つぎつぎと新しい業務が押し寄せている。そのために河川技術者の本来の業務である、河川の基本情報や河川現場の日常的観察が、犠牲になることを恐れる。

筆者が河川現場を訪ねると、調査担当者がその川の昭和二〇〜三〇年代の歴史的破堤地点を知らなかったり、歴史的にも重要な護岸水制の設計者やその経緯を知らない幹部がいる。新しい河川に転勤したならば、数か月以内にその川にとっての重要な歴史的現象（特に大洪水、水紛争）、誇るべき歴史的河川施設や構造物について調べ、かつ馴染むべきである。それが河川技術者の最重要な義務であり、楽しみであり、川を愛し、川と共生する第一歩である。その姿勢は、川と親しむ住民団体、環境グループにとっても望ましい川との付き合いでもある。何よりも現場技術者は、つねに河川施設、川と土砂の流れ、川縁りの自然、川に集う人々との現場での会話を尊重したい。

川の物理的、歴史的、地域的特性の理解を深めることこそ、川の個性とこころを知る扉である。それが川の自由を最低限尊重した上で、川との共存を求める道である。

第3章　流域は一つ——水源地域から海岸まで

天竜川河口付近の離岸堤
上流のダムに堆砂が貯まり，河口から供給される土砂が減って海岸浸食が進んだ．浸食を防ぐために離岸堤が設置され，その陸側に砂が戻っている（提供：静岡県）

河川に関する学問はいくたの分野に分かれている。河川に関する行政も、それぞれの官庁の仕組みや、歴史的事情などによって、河川の区域や事業内容ごとに担当が分かれている。しかし河川は、上流の水源地域から中・下流域、そして河口周辺の沿岸域、さらに水の流れる先の海まで、物質的、生態学的、歴史的、文化的に密接に結びついている。

流域の結びつき

河川でのいかなる行為の影響も、河口と沿岸部に顕著に現われる。逆に沿岸地域の環境変化を見ることによって、その流域の健康度の一端がわかる。

河川事業は大規模化するほど、その影響の範囲は広く重く及ぶ。大ダムのような上流部の大規模な事業は、下流から海にまで影響を与える。

第2章で述べたように、川を流れる土砂の作用は大きい。川が運ぶ土砂は、長年月にわたって沖積平野を形成し、河口周辺の海岸を養っている。海岸の砂は、砂浜に押し寄せては砕ける波によって動かされ、運び去られる。一方で海岸の砂は、川が運び込む土砂によって補われる。

この二つの作用が平衡して海岸線が安定する。しかし、高度成長期にセメント骨材の材料として河床の土砂が大量に掘削されたり、ダム湖に大量の土砂が堆積して河口へ流れる土砂が減ったことにより、海岸線の平衡が破れ、浸食された例は少なくない。

逆に、洪水や河川事業などで過剰な土砂が河川へ流出すれば、河床を上げる。その影響は下流から海にまで及ぶ。河床が上がれば、周辺からの排水が難しくなり、下がれば取水が難しくなる。いずれの場合も、新たな技術手段を打たなければならなくなる。

また、川は上流の森林やその土壌などの栄養素を海に運ぶ。河川の水質が悪化すると、下流のみならず、海洋汚染の原因にもなる。水生生物にも悪影響を及ぼし、河川および沿海部の生態系を乱す。宮城県気仙沼市で養殖漁業に従事してきた畠山重篤《はたけやましげあつ》は、森づくりによって海を豊かにするために、二〇年以上にわたり上流域で植樹育林運動を続けている（現在NPO法人「森は海の恋人」）。

本章では、今日の日本の川とその流域に迫っている危機を、上流から海岸まで見ていくことにする。

表 3-1　国土の地形区分

山地	61.0%
丘陵地	11.8
台地	11.0
低地	13.8
その他	2.4

丘陵地は高さ 300 m 以下，台地は主に洪積台地，低地は主に沖積世に形成された扇状地や三角洲など．『日本統計年鑑』(2012) より．

表 3-2　国土利用の内訳（2009 年）

農用地	12.4%
森林	66.3
原野	0.7
水面・河川・水路	3.5
道路	3.6
宅地	5.0

国土交通省『2011 年版土地白書』より

1　国土インフラとしての森林と地下水

私有林大国日本

ヨーロッパの川の水源地は、比較的到達しやすい観光地の一種である例が多い。しかし、日本の場合は深山幽谷に踏み入ることが多い。日本の大河川の水源地を含む上流部は、おおむね森林に掩われた山岳部である。

日本の国土の六一パーセントが山地であり、森林の国土総面積に対する比率は六六・三パーセント（二〇〇九年）に達する（表3-1、3-2）。森林大国といわれるスカンジナビア三国の森林面積の対国土面積比は、フィンランド六五・五パーセント、スウェーデン六二・六パーセント、ノルウェー三〇・六パーセントであるから、日本は世界でもまれな森林大国といえる。さらに、そのうち民有林が六九・四パーセント（うち公有林一一・三パーセント)と、国有林三〇・六パーセントの二倍以上ある。民有林から公有林を除いた私有林の森林総面積に占める比率は、五八・一パーセントに上る(図3-1)。すなわち、日本は私有林大国である。

循環資源としての地下水

水は雨や雪として地上に降下し、地表を流出、地下にも浸透し、河川となって海に至る。その過程で一部は蒸発し、大気に還ってゆく。このように、循環しているのが資源としての水の特性である。

さて、一八九六年(明治二九)に定められた民法二〇七条によって、私有林の所有者は地下水を自由に採取する権利を持つ。元来、広大な森林も、その地下に存在する地下水も国家資産であり、国民共有の資源である。河川水は、一八九六年の旧河川法によって公水と定められている。地下水も、河川水と同じく循環資源であるから、私水ではなく公水として扱われるべきである。

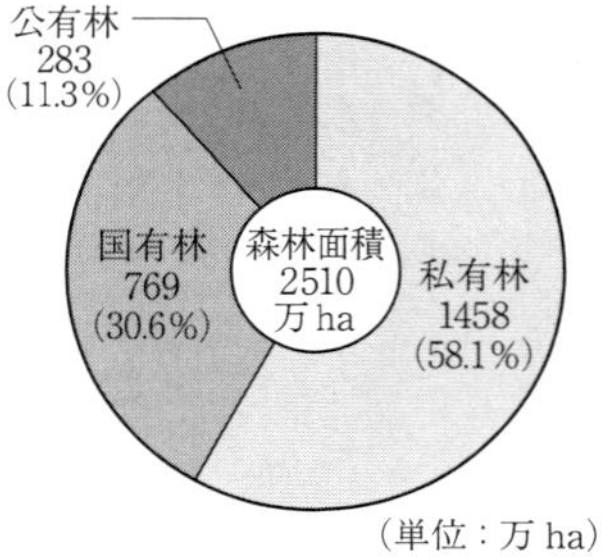

図 3-1　日本の森林の内訳(2008年，林野庁)

明治の殖産興業期に始まる地下水の過剰揚水は、東京、名古屋、大阪の三大都市において深刻な地盤沈下を引き起こし、広大なゼロメートル地帯を発生させるという愚を犯した。過剰揚水は地盤沈下のみならず、周辺地下水位の低下など、さまざまな悪影響を及ぼす。最近はボトル水ブームによって、私有地が買われ、地下水を大量に汲み上げている例が多い。地下水は水道用水や農業用水などに優先的に利用すべきである。さもなくば、厳格な規制に従って利用しなければならない。

保安林

森林では、雨水は地中に浸透し、ゆっくり川へと流出する。そのため、洪水が緩和され、また川の流量が安定する。このような機能を水源の涵養《かんよう》というが、これは森林が本来持っている公益的機能の一つである。一八九七年(明治三〇)制定の森林法では、その公益的機能を担うべき保安林が指定されている。保安林の内訳は、水源涵養が最も多く、次いで土砂流出防備、さらに土砂崩壊防備、防風保安、水害防備、潮害防備、防雪、魚つき林(魚類を繁殖させるための海岸林)、風致などである(図3-2)。

保安林に指定されているのは、国有林が全森林面積の二五・四パーセント、民有林が一九・七パーセント（計四五・一パーセント）であり、国土面積に対する比率は計三〇パーセントにも達する。

水源の涵養

右に述べた森林の水源涵養効果は、樹種などの林相、地形、地質、水文条件などによって異なり、決して単純ではない。しばしば自らの専門分野あるいは地域の特性を強調するあまり、科学的には納得しがたい見解が流布されることがある。たとえば、植林に励み、森林を増やせば、河川の渇水流量（最も水が少ない時期の流量）が増す。豪雨も森林によって相当程度調節され、河川への急激な流出を抑えるなど。森林の存在が、渇水時も洪水時も河川の流量を治水と利水に無条件に好都合になるとの見解である。

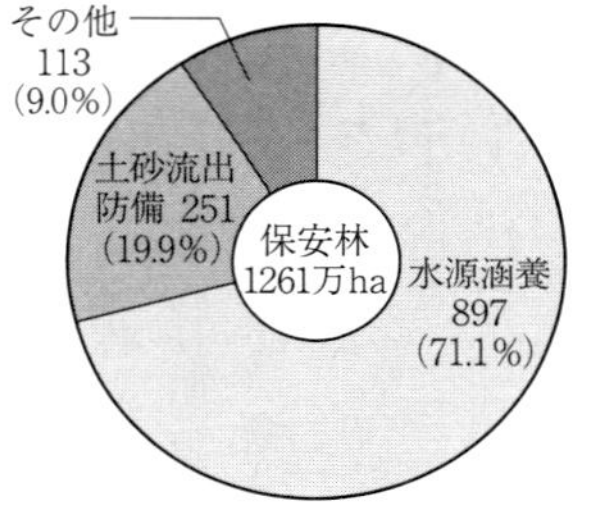

図 3-2　保安林の内訳（2008 年，林野庁）

江戸時代の熊沢蕃山（一六一九～一六九一）は森林の水源涵養機能を重視し、「水を治めるにはまず山地の森林を治めよ」との治山治水思想をその根幹に据えた。その考えは一般大衆の間にも普及した。科学的調査に基づくものではなかったが、自然としての山、森林、川を大事にしようとする哲学と、それまでに形成されていた日本人の自然観に支えられて普及した。

ダムは高度成長期に建設ブームを迎え、当時は高く評価されていたが、一九七〇年代以降の環境重視時代には、環境破壊の象徴として非難の的となった。そのころから、森林の水源涵養機能によってダムに代替できるとして、「緑のダム」が、環境派の森林関係者からさかんに謳われるようになった。「緑」は環境の象徴としてもてはやされ、「緑のダム」は、ダム不評の追風を受け、もともとの提案者の意図以上に流布された。

しかし、森林さえあればダムは不要というわけではない。森林とダムの河川の流れに対する役割は異なる。ダム上流域の森林によって土砂流出を抑えれば、ダム湖の堆砂が減って洪水調節機能が増し、見事な役割分担が実現できる。実際、東京都の水道専用の小河内ダムの上流には、一九〇一年(明治三四)以来の日本最大の水源林(集水域の約六〇パーセントにあたる二一・六二八ヘクタール)があるため、奥多摩湖(小河内ダム湖)の堆砂は比較的少ないと推定される。

森林のさまざまな作用

森林の河川流出に対する作用をまとめておく。

森林には、雨水を浸透する森林土壌が造られる。岩山の場合、川に即座に流下する降水が、森林では土壌中に浸透し、一時的に貯留される。浸透効果の大小はもっぱら地質によって左右され、それが川の平常流量に影響する。たとえば、火山岩や花崗岩類の地質の場合に雨水浸透効果が大きく、河川の平常流量は豊かになる。一方、森林があると、樹冠部(葉が茂っている樹木の上部)で相当量の水が蒸発散するため、川への流出が減少する。一般に、植林が進めば河川流量は減り、森林を伐採すれば河川流出量は増加する。

降水が森林土壌に貯留される効果によって、洪水のピーク流量は低減し、河川流出を長期的に平均化する。また、土砂流出を抑制する。

水が森林土壌を通過する段階で、窒素、リン、カリウム、カルシウム、マグネシウムなどを土壌に保留したり、植物に吸収されて浄化することが、広葉樹の二次林(原生林が失われた後の森林)での調査で確認されている。

水源地の基本情報

以上のように、上流部の地形、地質、森林の状況は、洪水か渇水かを問わず、中下流への流出に決定的な影響を与える。地形と地質は不変の自然条件であるが、森林の様相は樹種、樹齢はもとより、その成長や維持管理しだいで年とともに変わる。そこで、森林の経営および管理に関して、法的条件をはじめ、その実態を知ることが重要となる。

われわれが国土の実態を知るための基本情報は、自然条件としての地形図、地質図、降水量をはじめとする水文情報、そして土地利用の基礎というべき地籍《ちせき》である。地形図は明治以来、軍事上の重要性を背景に重点的に整えられ、それは国際的にも高く評価されてきた。それに引き替え、日本の地籍調査は著しく遅れている。森林の地籍とは、具体的には、土地の所有者、面積、境界の確定である。

地籍が把握されている土地の割合は、二〇一二年三月時点で全国で五〇パーセント、森林地では四二パーセント(二〇〇九年末)にすぎない。都市部での調査が大幅に遅れている上に、過半の森林は地籍調査未了であり、登記簿に正確な情報が記されていない。森林地主の中には、自らの土地へ行ったこともなく、境界についても確認していない例も数知れず、所有者不明の森林も少なくない。わが国の森林の基本情報はきわめてお粗末である。

進まない地籍調査

歴史上、土地制度における重要な足跡とされる太閤検地(一五八二年(天正一〇))も、主として、田畑の測量および収穫量調査であり、山林はほとんど測っていない。一八七三年(明治六)の地租改正も農地中心であった。先に触れたように一八九六年の民法公布で土地の所有権が地下水を含めその土地の上下に及ぶとされ、地下水の私物化への道を開いてしまった。この民法は当時のフランス民法の影響が大きかった。その後、フランスでは土地需要の増大と投機による地価高騰を背景に、公共団体による優先先買権や、土地収用権など公権を強化する法や制度に改正されたが、日本は以来一〇〇年あまり、基本的にはなんら変更されていない。

一九五一年(昭和二六)、国土調査法が公布され、地籍調査がようやく正式に開始された。しかし順調には進捗していない。二〇一〇年(平成二二)、第六次国土調査事業においては、地籍調査の進捗率を今後一〇年で、四九パーセントから五七パーセントに伸ばすことを目標としている。林地では四二パーセントから五〇パーセントへ、人口集中地区の林地では二一パーセントから四八パーセントとすることが目標である。

地籍調査は、誰からの要求に応じて実施するという性格の調査ではなく、本来国家が当然行うべき義務である。ドイツ、フランス、オランダ、韓国では地籍は一〇〇パーセント確定している。わが国で地籍調査が非常に遅れたのは、緊急を要する動機がないからといわれている。

というのは、精度は著しく低いが一応面積も境界も形式上定まっているのに、より正確に境界を定めると、隣人同士の新たな係争が起こる可能性が高く、いわば寝た子を起こすことになる。特に第二次大戦後、土地所有者の権利意識が高まっている。加えて新たな地籍が確定すれば、追徴課税の可能性があり、土地所有者の抵抗が高まる。実施実務を担う市町村の行政にとっては、測量の実施と立合いによる調査の手間はきわめて重苦しく、心理的重圧は大きい。しかも、担当の国土交通省の境界保全のための測量はほとんど実施されていない。行政は早急の課題に追われ、厄介な基本調査は後回しになっている。森林政策や水源地の国土保全政策を新たに展開し、私有林に新たな役割を課すなどといった総合的な計画を行おうとする場合、地籍調査の不備が大きな障害となる可能性が大きい。

外国人の土地取得

日本の土地制度の重大な欠陥は、第二次大戦後、外国人の土地所有が実質上自由となっていることである。二〇〇八年ころから、外国資本による日本の水源林の買収が盛んになっている。土地買売のいわゆるグローバル化の影響である。

北海道をはじめ、本州、九州の林地がつぎつぎに、中国系などの資本に売られている。林地取得の動機は必ずしも明らかではない。林地の地下水取得による水ビジネスへの期待感、あるいは農畜産業用投機などと推測されている。北海道では、二〇一二年四月現在、外国資本が所有する森林は、少なくても五七か所、一〇三九ヘクタールに達している。そのうち三か所、約一〇〇ヘクタールは自衛隊駐屯地から約三キロメートル以内にあると報じられている。軍事または類似施設の近くの土地を外国人に売ることは、諸外国では考えられない。

公水としての地下水

遅れ馳せながら、二〇一一年四月、森林法が改正され、すべての森林所有権の移転に関して事後届出が義務づけられ、ようやく一歩前進した。

超党派の議員連盟による水循環基本法案の作成が進んでいる。この法案は、各省に跨っている水行政を一本化し、地下水を公水と位置づけ、国民共有財産としての水に対する政府、自治体による規制を促すことを目標としている。

一方、外国資本が最も多く林地を買収した北海道では危機感を募らせ、二〇一二年三月、売買の事前届出を義務づける水資源保全条例がようやく成立した。埼玉県と群馬県でも同様の条例が成立した。

国策として森林を守る体制が法的に整っていないため、同様の条例がいくつかの自治体でつぎつぎ提出されようとしている。ただし条例レベルでは罰則がないなど限界があるが、これについては慎重論が多く、多くの県で条例を検討中である。森林水資源の保全と地域経済の活性のために、国が法を整備して、森林および水源地を国の重要政策として位置づけるべきである。

森林がなぜ外国資本に売られているのか

第一の理由は、すでに述べたように、農地以外は売買規制がなく、利用規制もきわめて緩いことである。

第二の理由は、日本の森林が驚くほど安値であることだ。日本不動産研究所によると、二〇〇八年三月末価格で一ヘクタールの林地価格は用材林地(人工林)が五五万円、薪炭林地(雑木林)は三六万円である。一七年連続で下落しており、立木価格も一九八〇年以来下がり続けている。本来、森林は約五〇年周期で伐採、植林を繰返し、伐採後に植林、下刈、除伐すべきである。しかしそれらすべての森林管理を実施すれば、経費は巨額となり、経営は成り立たない。伐採後に、植林放棄という違反行為が各地で横行している。

第三の理由は、多くの森林所有者が、相続税を心配し、採算のとれない山を手放さざるをえない状況にあることである。

第四の理由として、このような状況下、土地売買のグローバル化によって、値下がりしている日本の山林に、新たな価値を見出す外国投資家が現れてきたのである。土地売買のグローバル化が急激に進行し、日本は林地のみならず土地制度がきわめて無頓着、無防備であることが暴露された。

こうした土地・水・森林にかかわる制度上の根幹的課題を解説し、政策実現に結びつけてきたのが、公益財団法人東京財団の政策提言「日本の水源林の危機Ⅰ～Ⅲ」等である。

哲学の欠如

森林、水源地に限らず、わが国には全国土を視野に入れた土地に関する哲学もなければ、土地政策もないに等しい。それぞれに切り刻んだ土地に関する、当面の経済的もしくは政治的利便を助長するための方策のみではなかろうか。

司馬遼太郎は、対談集『土地と日本人』のあとがきの冒頭で次のように述べている。

「戦後社会は、倫理をもふくめて土地問題によって崩壊するだろうと感じはじめてから、十数年経った。」(中公文庫版、一九八〇年)

その危機感の背景については次のように述べている。

「私を絶望的にさせたのは、国民総不動産屋の時代の代表のような人物が首相になり、列島改造案という、山林地主と土地投機業者だけをよろこばせるような政策ともいいえぬ政策をかかげ、右の傾向を極度に過熱化したことである。」(一九七六年版のあとがき)

2　ダムにより水没する人々

ダムに関わる水源地の人々は、しばしば悲哀をなめている。大ダムは多数の民家、財産、さらには山村文化を沈め、移転を強要する。小河内ダム建設に伴う東京多摩地方の水没者の苦難を画いた石川達三の名作『日蔭の村』(一九三七)は、水没者間の対立をはじめ、ダム計画によって発生する社会問題をリアルに表現している。

蜂の巣城

筑後川上流の下筌《しもうけ》ダム建設に際して、熊本県小国町の山林地主室原知幸(一八九九〜一九七〇)は一九五九年、ダム地点右岸側に「蜂の巣城」を築き、そこへ反対住民とともに住み込み徹底抗戦すること五年、ついには落城したが、きわめてユニークにして強烈な反対運動であった

図 3-3　筑後川上流，下筌ダム建設に反対する蜂の巣城（提供：建設省松原・下筌調査事務所）

（図3-3）。反対のために坐り込むのはしばしば見られるが、城を築いて何年も住み込む反対運動は世界にも例を聞かない。

下筌ダムは、洪水調節を含む多目的ダムである。このダムをはじめとする筑後川治水計画は公共事業の名に値しないとして、室原が建設大臣を訴えた本格的治水裁判は、事業認定無効確認請求訴訟と呼ばれる。一九六三年、被告建設大臣勝訴によって、裁判の幕は下ろされた。判決文において原告側の主張は相当程度評価されたが、この公共事業を無効と確認できるほどの根拠はないとの東京地方裁判所の判定であった。下筌ダムは一九七二年に完成した。

肥後もっこすと呼ばれる超頑固者の典型であった室原の、意表をつく反対行動は当時マスメディアによって広く報道されたが、その反対の論理は必ずしも大方の理解を得られなかった。

「法には法、暴には暴」と書かれた巨大な横断幕をダム地点近くの道路上に張り、橋の欄干には、しゃもじ型の板片に何十句の権力批判の狂歌を掲げ、各戸には「建設省の役人と犬入るべからず」の立札を掲げ、城に攻め込んで渡河する機動隊には、貯めこんだ糞尿を投げるという奇策で対抗、村中の牛を集めて赤布を角に掛け機動隊へ向けた。早稲田大学法学部出身の室原は、法の盲点と拡大解釈を適用し、攻めくるお役人や機動隊に、メガホンで大音声を上げ、いま君らの行動は何々法の何条に違反しているなどと叫び続けた。城の前の河道が熊本県と大分県の県境であることから、両県警の権限の問題などを厳密な法解釈でぶつけたりもした。

室原はそのころ、筆者の書いた筑後川の調査記録などをほとんど読んでおり、城内の居室には河川や公共事業に関する法や判例などがずらりと並んでいた。筆者は前述の裁判において、原告推薦の鑑定人であった。原告の要請を受けたおもな理由は、当時の行政による水源地対策があまりに反時代的であり、お粗末と実感したからである。

そのころ、ダム計画は重要な国策であり、輝かしい成果を挙げていた天竜川の佐久間ダムなどが日本の電力不足への救世主と評価され、ダムの評判はきわめて高かった。したがって、ダム批判は非国民扱いされかねない雰囲気であった。また、現場で直接水没予定者と対面するお役人のなかには、ダム・ブームを背景に旧憲法的感覚で高圧的な姿勢も見られ、それが室原や村民の闘争意識を高めた。

水源地域対策特別措置法

ダム・ブームの初期には、水源地対策はとかく金銭補償が焦点であった。ダム反対運動のなかには、補償費値上げを目的とするかのような例もしばしば見受けられた。

しかしその後、ダムはもっぱら下流の都市側の電力、洪水調節、水資源確保のためであるのに、なぜそのために水源地域が水没して犠牲にならねばならないのかとの意識が水源地側に高まり、ダム建設計画が円滑に運ばない例が続出した。

政府もようやくその実情を理解するようになり、一九七三年に水源地域対策特別措置法（略称「水特法」）が公布された。この法によって、水没が予定される水源地域に一定条件下、道路、上下水道などの公共投資を優遇する措置が取られるようになるなど、上流・下流の対立緩和を目指していた。また、一九七〇年代以降、ダム建設が集中する利根川、淀川、木曽川、吉野川、筑後川などには、水源地域対策基金が、下流側などからの資金により設立され、水没関係住民の生活再建、水源地域の振興、森林保全などの費用に充てられた。

このように水源地域対策特別措置法と水源地域対策基金が水没補償に加えられた結果、水源地対策は一歩前進した。

都市化に取り残された河川上流域

一九七〇年代の水源地対策は、ある程度の効果を水源地である河川上流部にもたらしたとはいえ、都市化に向かう社会の流れの中で、河川上流域から都市への滔々たる人口流出と、都市との経済格差の拡大を止めることはできず、ダム水没者およびその地域の不満を解消する道のりは依然として遠かった。

人口流出は有権者の減少を意味する。多くの政治家にとって、交通不便で人も疎らな山村での演説よりも、票田である大都会の盛り場でのパフォーマンスの方がはるかに効率が良い。河川上流部に政治の目が届きにくくなることを憂慮する。

無人の山村の流域の片隅であっても、そこは河川流域にとってかけがえのない水源地である。選挙区における有権者人口の格差増大は、しばしば重要な政治問題となる。一方、面積当たりの議員数を、たとえば参議院で考慮するなどを考えるべきではないか。今後さらに水源地域の人口減少、高齢化が急速に進み、一〇年ないし二〇年後には、無人の水源地域が続出するであろう。この地域の荒廃は、中下流部の治水にとって看過できない。

先の市町村大合併で、かつての山村である上流域まで都市に併合された例は少なくない。例えば、佐久間ダムは浜松市内になったし、安倍川最上流の日本三大崩壊の一つ大谷崩れは、山梨県境に接しているが、以前から静岡市内である。これら区域は、観光も含めて市政としても力を入れている。しかし人口疎らな水源地集落は、かつて山村にとっては重要な過疎対策地域であったのが、大都市との併合によって、大都市行政にとっては僻地となり、キメ細かい生活サービスが薄くならないか心配である。

3　いま平野を水害が襲ったら

高度成長期の都市水害

大水害は、ほとんど河川の中下流部の破堤によって発生する。中下流部に比較的広い沖積平野のある大河川では、一旦破堤すると広い面積に氾濫して大水害になる。河川によっては上流の峡谷部を離れるところ、すなわち扇状地の頭の破堤が危険である。中流部に盆地のある河川では、盆地およびその上流で破堤すると、氾濫期間が比較的長くなる。

第1章で述べたように、わが国の明治以降の近代治水の重点は中下流部の都市、水田、工業地帯を守ることであった。第二次大戦直後に連続して発生した大水害以後、高度経済成長期の開発が、氾濫被害のポテンシャルを増大させた。一九五八年の狩野川台風によって東京の神田川流域、横浜などで発生した都市水害と同様の被害は、一九六〇年代から七〇年代にかけて、北は札幌から南は鹿児島に至るまで、人口急増地区の新興住宅地を中心に発生した。都市型水害以前に、つぎつぎと日本列島を襲った大水害の教訓をわれわれは十分受け止めてはいなかった。その教訓とは、沖積平野などでの無秩序な開発による土地利用の変化が、水害をはじめ諸災害を拡大する原因となることである。

首都圏水没

一九四七年九月のカスリーン台風は、利根川、北上川などで大暴れした。利根川右岸の栗橋付近で破堤し、氾濫流が五日後に東京東部に到達し一〇日間の水没をもたらした。利根川または荒川の破堤はつねに首都圏南部を水没させるので、この両川の治水および氾濫流対策は国家的にもつねに緊要な課題である。

二〇一〇年、内閣府の中央防災会議は「大規模水害対策に関する専門調査会報告」において、首都圏水没の予測を発表している。

専門調査会事務局として取りまとめに当たった池内幸司および越智繁雄、安田吾郎、岡村次郎、青野正志による論文「大規模水害時の氾濫形態の分析と死者数の想定」および「大規模水害時における孤立者数・孤立時間の推計とその軽減方策の効果分析」は、中央防災会議の前述の報告に基づいて、特に首都圏災害における死者数、孤立者など、被災者の動向に関して、詳細な解析を加えている。

これら報告では、利根川および荒川において過去の破堤水害、特に一九四七年のカスリーン台風時の氾濫を重要参考例としつつ、氾濫地の現状に即した水害状況をシミュレーションしている。今後の水害を想定する場合、一九四七年と現在との被災対象地のおもな相違点に注目すべきであり、その要点は次の通りである。

(1) この六五年間は、高度経済成長期を含み、急速な都市化が進行し、水田など農地の多くが宅地その他に変わった。

(2) 新幹線や高速道路などのインフラが飛躍的に整備され、氾濫流の運動に影響するのみならず、水害や地震時には、これらインフラが使用できなくなる。
(3) 地下水の過剰揚水による地盤沈下は、東京都隅田川以東の江東デルタ低地に始まり、埼玉県南部と中部に進行した。東京都東部は遅れ馳せながら地下水採取規制により沈下は止まったが、沈下した地盤はけっして元には戻らず、ゼロメートル地帯を温存したままである。河川洪水、津波高潮、そして地震水害の危険度は高い。江戸時代に掘削した網目状の人工河川の堤防は、地盤沈下の進行とともに、継ぎ接ぎ状に嵩《かさ》上げされており、大地震発生によって崩れる可能性はきわめて高い。その場合、低地盤のゼロメートル地帯はたちまち冠水する。地震水害の脅威である。地下水規制が不十分な埼玉県では、なお地盤沈下が進んでいる。
(4) 現代都市は立体化が進み、高層ビル、地下鉄および地下街が縦横に開発されている。これらの状況は、いずれもカスリーン台風時と比べ、氾濫流による被害を大きくすることとなるであろう。

以上の物理的要因とは別に、大部分の住民は、長く利根川や荒川の氾濫流を経験していないのみならず、これら大河川が破堤するとはまったく予想しておらず、地方行政も一般住民も、大氾濫への日常の備えはほとんどなされていない。原発事故に対する安全神話と似たような状況であり、大水害の可能性すら意識していないのではあるまいか。

予想される被害

このような状況下、前述諸報告による警告は噛み締めて理解しなければならない。その報告の要点は以下の通りである。

カスリーン台風の場合と同様に、利根川右岸の埼玉県加須市で堤防が決壊すれば、浸水面積は実に約五三〇平方キロメートル、浸水区域内人口は約二三〇万人と想定される。さらに利根川・江戸川・荒川がともに破堤する最悪の場合、浸水区域内人口は約六六三万人となる。浸水が居住空間を襲い、浸水継続時間三日以上とすれば、避難者数は約四二一万人と予想される。

浸水深が住居の三階以上に達し、付近に高い避難場所がない場合、避難はきわめて困難となる。もし古河・坂東両市の沿川で破堤氾濫の場合は、浸水範囲は限られるとはいえ、浸水深は五メートル以上に達する地域がある。荒川右岸の東京都墨田区で破堤の場合、荒川と隅田川に囲まれたデルタ地帯には、東京湾中等潮位以下のゼロメートル地帯も含まれ、五メートル以上の浸水深の地域も多い。浸水深五メートル以上になると、特に深夜の避難はきわめて困難となり、死者数は一挙に増加する。古河・坂東沿川破堤の場合、死者数は最大約六三〇〇人、江東デルタ氾濫では最大約三五〇〇人と想定されている。

地下鉄への侵入

東京都内に整備された地下鉄網への浸水によっても、重大な人身被害の発生が憂慮される。都心に最も近い整備された破堤は、荒川右岸、河口から二一キロメートルの北区志茂地先である。地下鉄へ氾濫水が流入した場合、この地下空間からの逃げ遅れによる人的被害、地下鉄および地下街の機能麻痺が心配である。荒川流域に三日間で五五〇ミリメートルの雨量があると、二〇〇年に一回程度の大洪水が発生し、もし前述地点で破堤した場合、都内地下鉄等において最大一七路線、九七駅、延長約一四七キロメートルが浸水する可能性がある。

もとより、地下鉄の出入口などには緊急用の止水対策は用意されている。しかし、その現況はけっして十分とは考えられない。地下鉄駅やトンネル坑口の出入口の大部分を塞ぐことに成功した場合、浸水区間は最大九路線、一四駅、延長約一七キロメートルと推定されている。同様の大洪水によって荒川右岸足立区千住地先で破堤の場合、地下鉄などの出入口に高さ一メートルの止水板を設置、坑口部に防水ゲートを設置して完全遮水する。換気口にはすでに浸水防止機が設置されているので、浸水はないと考えられている。

堤防決壊箇所にもよるが、決壊後三時間あまりで大手町駅などの都心部の地下鉄駅まで浸水、九時間後に上野、浅草など二三駅が浸水、一一時間後には竹橋、霞ケ関駅まで水没の可能性がある。

これら地下鉄からの排水には、一～二週間はかかるであろう。設備に被害が生じれば、復旧までさらに数日を要する。ちなみに、二〇〇二年、チェコのプラハでの洪水では、地下鉄全線の復旧に半年以上を要した。

氾濫による孤立者

利根川および荒川破堤による大水害発生に伴う多数の死者はもちろん重大であるが、広域氾濫に伴う孤立者の発生も重大である。

まず、過去の大水害の事例を見ておこう。

一九四七年九月のカスリーン台風においては、当時アメリカの進駐軍提供の六四隻を含む一八一隻による救援活動などによって、約一万一〇〇〇人の住民が救助された。東京都江戸川区では、浸水期間が実に二〇日間にも及んだ。当時西千葉にあった東京大学第二工学部の学生であった筆者は、千葉県行徳町(現市川市)に下宿し、総武線下総中山駅まで約三〇分歩き、西千葉へ通っていた。利根川の氾濫流が東京に到達し、破堤の四日後の九月二〇日には小岩駅と新小岩駅の間を破り、総武線は約一週間不通であった。筆者は西千葉へは何とか通えたが、大部分の教官は東京に住んでおられたので、その間休講状態であった。東京都内の総武線沿線で水売りも現れたと噂されていた。

一九五九年九月の伊勢湾台風時には、孤立した十数万人を救援、避難できたのは一〇月になってからであった。船艇三〇隻以上、ヘリコプター四〇機以上による救助活動は一〇日間以上も要した。

ハリケーン・カトリーナ

二〇〇五年のアメリカのハリケーン・カトリーナによる高潮災害においては、ミシシッピ川河口に位置するニューオーリンズ市(図3-4)の人口の約七五パーセントにあたる約三六万人(約一四万戸)の住居が浸水し、死者はニューオーリンズ市を含むルイジアナ州で約一六〇〇人、全米で一八〇〇人以上と推定されている。

カトリーナ上陸以前に、州と連邦政府が非常事態を宣言、市と郡では避難命令を発令、避難計画はあらかじめ練られていた。しかし、相当多くの住民が逃げ遅れて屋根の上などに長時間

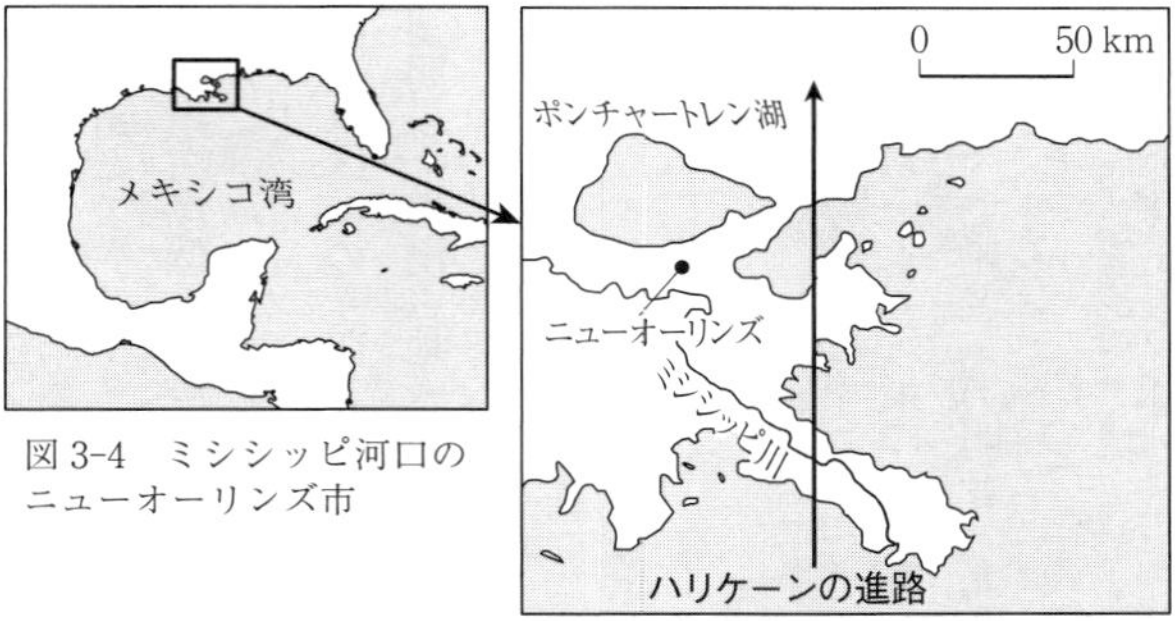

図3-4　ミシシッピ河口のニューオーリンズ市

孤立した。逃げまどう多数の車による激しい渋滞が起こる一方、車を持たない貧困層は安全な土地へ逃げることもできなかった。沿岸警備隊が多数のヘリコプター、舟艇、湿地観察用の船を動員して救援活動を行い、約六万人が救助されたが、救助が間に合わずに死亡した者も多かった。

いずれの大水害でも、周到に準備されていても、思わぬ厄介な状況が生ずるのが、大災害となるゆえんである。大災害は当然ながらめったに生じないので、過去の大災害から数十年も経過すると、住民の生活様式も世代も変わり、以前の大災害の記憶は風化するのが、むしろ普通である。

孤立者数の推定

戦前はもとより、戦後の大災害当時と現代では、治水施設も、想定される浸水区域の人口、財産などの社会条件も一変している。荒川の浸水想定区域には、現在約五四〇万人が居住している。前述の池内らは、荒川において大規模水害が発生した場合の孤立者数・孤立時間を推計している。

荒川右岸低地氾濫の場合、排水ポンプなどが順調に運転されれば、三日以上浸水地域の人口は約九五万人から約七四万人に減少できる。加えて、水門などの操作に成功すれば、三日以上の浸水区域の人口を約六五万人に減少できる。さらに、排水ポンプ場への燃料補給により、一週間以上の浸水地人口を約五九万人から約三八万人に減少できる。この試算のように、各種排水施設の操作によって浸水地人口をかなり減らすことが可能ではあるが、浸水地人口はなお相当に多い。

避難率

浸水被害地域が浸水によって避難困難となる以前に、安全な地域に避難した人の割合を避難率と呼ぶ。水害対策において、避難率をどれだけ高めるかが、破堤氾濫後の重要な課題である。長崎市内で死者・不明者二九九人を出した一九八二年長崎大水害(第1章)における避難率は一三パーセント、二〇〇〇年の東海豪雨水害では約四四パーセント、二〇〇四年の新潟・福島豪雨水害で約二三パーセント、アメリカのハリケーン・カトリーナ災害においては約八〇パーセントといわれる。

避難困難となる浸水深はどれくらいか、過去の浸水害の例を見よう。東海豪雨でゴムボートなどで救助されたときの浸水深は、男性の大人の膝の高さであった。伊勢湾台風時には、大人の男性で七〇センチメートル以下、女性で五〇センチメートル以下の場合に避難ができた。また、水深とともに流速も避難率に著しく影響する。

浸水時の人的被害を減少させるには、まず避難率を高め、排水施設が可能な限り能力を発揮し、救助活動を予期通り実施することである。荒川右岸低地氾濫の場合、もし避難率が四〇パーセントであれば、救助活動が行われないと、破堤四週間後でもなお約四〇万人が孤立する。この場合でも、排水施設が十分働き、一日当たり一二時間、救助活動が有効に行われると、破堤から四日後に救助が完了する。

浸水時に電気や上下水道などのインフラがどれだけ機能を発揮できるかも重要な課題である。家庭における飲料水や食料の備蓄は一般に三日までといわれているが、対策が十分でないと、三日後に数十万人が孤立することが想定される。

複合型災害

文明が発展するとともに災害は連鎖、複合化する。開発の蓄積により土地利用が複雑化することが、複合型災害をさらに多面化させるからである。複合型災害への対策は、災害の歴史的考察、高度化社会の新型災害への深い読み、そして一般社会への複合型災害に関する防災知識の提供である。

利根川・荒川と首都圏に関わる予想される複合型水害としては、火山噴火と地震水害が考えられる。さらに、大災害に付随して大火が発生することが多い。

火山噴火と水害

一七八三年(天明三)六月二五日の浅間山噴火は、利根川洪水頻発の誘因となった。その火砕流、溶岩流、土石流が、利根川の支流吾妻《あがつま》川の河床を一気に上昇させるとともに、泥流が、大量の火山灰とともに利根川本川に到達し、その河床をも上昇させた。三年後の一七八六年(天明六)七月には、利根川全流域において、江戸時代最大級の大水害が発生した。この洪水では、利根川の各支川の堤防がつぎつぎと破られ、江戸はじめ下流を守る頼みの中条堤、権現堂堤も決壊した。この破堤による栗橋、草加などでの被害は甚大であった。氾濫流は江戸東部にも到達し、平井、築地、亀戸などでは、浸水深は三～四・五メートルにも達した。

　天明三年浅間山噴火では、火山灰は東西二〇〇キロメートルにも及び、偏西風に乗って信濃、越後、出羽、江戸市中も灰まみれになった。この噴火の泥流により利根川河床は全面的に上昇し、それ以後利根川洪水と氾濫は、江戸時代後期を通して激増した。一八四三年（天保一四）までの六〇年間の洪水は二五回にも達し、江戸幕府の財政を苦しめた。この天明大噴火では、噴出物総量二億立方メートル、死者一一五一人に達した。その火砕流跡の鬼押出しは、現在では観光名所にもなっている。

　この天明大噴火がフランス革命の原因という珍説さえある。この年、アイスランドのラキ火山が六月八日から噴火し始め、大溶岩流とともに夥しい量の火山灰を噴出し、太陽の見えない暗黒の日が続いた。〝青い霧〟、火山灰が全ヨーロッパを掩った。ラキ火山噴火から一七日後、青い霧が日本の空にも漂いはじめたころ、浅間山が噴火した。ラキ火山の噴煙による亜硫酸ガスで、アイスランドやイギリスでは牧草が枯死し、餌のなくなった牛馬や羊がつぎつぎ死に、穀物、野菜、果実も全滅した。フランスでは天候不順が続いていたが、特に一七八八年異常低温が追打ちをかけ、七月以降、旱魃と雹《ひょう》害で穀物生産は激減し、ルイ王朝の対策は失敗し、政情は不安定化して、翌年のバスチーユ襲撃に始まる革命となる。ただし、因果関係としてはルイ王朝の失政が重要な原因であろうが、たまたま両火山の噴火と革命の年が接近したため、興味ある話題となった。

宝永の富士山噴火

一七〇七年(宝永四)、富士山が大噴火した。大量の火砕降下物が風に乗って東方へ移動し、神奈川県西部を流れる酒匂川《さかわ》流域では堆積量が約四・五六億立方メートル、平均堆積深は七六センチメートルにも達した。翌年八月八日の大雨によって、大量の土砂が酒匂川上中流に流入し、大規模な土砂洪水氾濫となり、足柄平野に大水害を発生させた。以降約一〇〇年にわたり、土砂洪水氾濫を繰返した。

宝永噴火による東駿河の大被害に際して、時の代官・伊奈半左衛門忠順《ただのぶ》が、駿府(現在の静岡市)にあった幕府の米蔵から一万俵の米を独断で引き出し、飢餓に苦しむ村民たちに与えた。とかく悪代官と非難されることが多いが、このような立派な代官もいたのである。しかし伊奈はその科《とが》を問われて切腹に追いやられた。この物語は、富士山をこよなく愛した作家、新田次郎の『怒る富士』(一九七四)に詳しい。

熊谷良雄(元筑波大学社会工学系教授)は、宝永噴火による江戸での降灰量を推定している。累計降灰深は、現在の東京都心で二センチメートル、東京南部で八センチメートルとされる。仮に都内に一センチメートルの降灰が積もったとすると、二三区内の道路の除灰に、都内のロードスイーパーの現在の保有台数では九五時間を要する。また、二〇〇〇年の北海道、有珠山噴火後の洞爺湖クリーン作戦時の除灰効率を前提とすると、二三区内の宅地の除灰に三二万〜七二万人の人力が必要という。さらに、一〇トン・ダンプカー約一〇〇〇万台分の積載量に相当する除灰の集積場が必要となるが、その確保は、遊休地がきわめて少ない首都圏ではたいへん深刻な課題となるであろう。

いずれ将来、富士山が大噴火した場合、火砕流などの直接的被害対策はもとより、周辺河川に与える重大災害もありうることに留意したい。

地震水害

地震に伴う水害も重大な複合型水害である。すでに述べたように、東京東部の江東地区にある内部河川の堤防は、地盤沈下の進行に伴ってつぎつぎと継ぎ足しており、大地震に耐えるか疑問である。

一九八〇年代以降、東京湾岸沿いの臨海部の工場移転跡地の再開発や埋立てが進んだ。この軟弱な地盤は、地震動によって地盤沈下を起こしやすい。しかも、江東デルタ地帯に広がるゼロメートル地帯は、一旦破堤するか、高潮が堤防を越えると、大量の海水が一面に拡がり、被害は甚大となる。しかも、排水には長時間を要する。この地帯は、名古屋市や大阪市のゼロメートル地帯とともに、気候変動による海面上昇によってさらに災害危険度が増すので、水害、地震、それによる複合型災害が最も危惧される。しかも、いずれの地域も人口密集地域であるので、大多数の急速避難は容易でない。差当りは、ある程度高層建造物を避難施設として機能するよう準備し、避難専用施設を建設し、平時の有効利用を計画する必要がある。

このように、首都圏水没に関する、かなり詳細な予測がなされている。しかし、利根川・荒川大洪水によって、この予測通りに災害が発生するとは限らない。前提条件が著しく異なったり、被災地の思わぬ条件変化に災害の状況は著しく変化することもありうる。臨機応変の対応が迫られることもあろう。

さらに重要なことは、ここに提示した情報を住民が共有し、それに備える避難計画などを作成し、それを住民に熟知させることである。東京都江戸川区は、水害に最も危険な区域でもあり、周到な避難計画とその周知に努力している。

４　海岸の逆襲

興津海岸

筆者は静岡県庵原《いはら》郡興津《おきつ》町（現静岡市清水区）で一九二七年（昭和二）一月に生まれ、小学校三年まで住んだ。夏にはほとんど毎日のように、興津の砂浜に海水浴に出かけた。夏に限らず、その砂浜から眺めた駿河湾の風景は、今なお、筆者の瞼から離れない。右に近く三保半島の緑が清水港を抱くように突出し、左には遠く長く伊豆半島が悠然と横たわる。

興津は、気候温暖にして風光明媚な海岸美を誇り、清見潟《きよみがた》から東方の田子の浦にかけての風景は、万葉集に田口益人太夫が清見寺《せいけん》の前にて詠んだ「蘆原の清見の崎の三保の浦のゆたけき見つつもの思ひもなし」はじめ、多数の名歌、漢詩を生んだ。雪舟は富士三保清見寺図を描き、西行は、「清見潟沖の岩越す白波に光をかはす秋の夜の月」と詠っている。清見寺は、徳川家康が少年時代を過ごしたことでも名高い。

一八八九年（明治二二）、東海道本線が開通するや、皇族の興津詣でと要人の別荘建築ブームが始まった。特に西園寺公望邸の坐漁荘は名高い。現在はその建物は明治村に移築されているが、西園寺公はその庭園から駿河湾を眺めるのを楽しみにしていたことであろう。第一次世界大戦後のパリ講和会議に日本の首席全権として派遣された翌年の一九二〇年(大正九)から、亡くなるまでここで二〇年を過ごした。

坐漁荘を訪ねた要人は水口屋《みなくち》に泊った。戦後、軍属として来日したO・スタットラー著 *Japanese Inn*(三浦朱門訳『ニッポン歴史の宿』(一九六一))は、水口屋を通して見た日本近代史である。夏目漱石、内田百間らも水口屋に、そして高山樗牛は清見寺に投宿している。多くの政治家、文人が興津を愛した。

前世紀末、久し振りに興津を訪れた筆者は愕然とした。高度成長期の清水港の拡張に伴ない、毎夏繁昌を極めた西隣の袖師《そでし》海水浴場もろとも、海水浴場も砂浜も消滅し、海岸沿いにはバイパス道路がテトラポッドに守られて建設され、海岸は見る影もなく変わり果てていた。坐漁荘の前面に拡がる海は埋め立てられ、スポーツ広場と化していた。三保松原の一角でも眺めようと、清見寺の二階へ上がったが、なんと眼前には倉庫が無神経にも立ちはだかり、三保松原と伊豆半島を隠していた。

熱に冒かされたような高度成長期の臨海開発や、それに伴う港湾拡張が、景観と歴史に富む文化遺産と自然遺産を破壊してしまった。

日本の海岸線

日本の海岸線の総延長は、約三万五〇〇〇キロメートルである。アメリカ、中国ともに国土面積は日本の約二五倍であるが、日本の海岸線はアメリカの約一・五倍、中国の約二倍である。この長い海岸線を日本人は有史以来、魂の故郷として親しみ、こよなく慕ってきた。それは多くの詩歌はじめ文学に記録されている。

明治以後、特に第二次大戦以後は、臨海工業地帯と貿易港が開発された。現在、商工港約一〇〇〇、漁港約三〇〇〇を有する。大都市はほとんど臨海部に立地し、全国一二を数える一〇〇万都市のうち、海に面していないのは京都市、札幌市、さいたま市のみである。

臨海部を、主として経済発展の場とし開発する一方、わが国の歴史的、文化的に重要な海岸線の役割は忘れ去られた。砂浜、干潟が激減し、海水浴場までつぎつぎに姿を消し、景観資産としての海岸美は惜し気もなく捨てられた。

老朽化する海岸堤防

沿海部が海岸線の水際近くまで開発されたため、津波・高潮対策としての海岸堤防は、水際まで追い詰められた。一九五九年九月の伊勢湾台風以後、太平洋岸では、それに耐える高さの壮大な海岸堤防が、土木施工技術の進歩を背景に各地に建設された。

本来、海岸堤防は波打際に設けるのではなく、堤防と汀線《ていせん》(海面と陸地との交わる線)との間に緩衝帯としての前浜を用意するのが、堤防および守られる区域の安全のためには望ましい。しかし、波打際までの土地を可能な限り利用しようとする欲望が、安全度向上の配慮を上回ることが多かった。

伊勢湾台風後に建設された海岸堤防は、すでに約半世紀を経て老朽化している。一旦壮大な堤防が完成すると、企業も一般住民も、津波・高潮からの危険はもはやないと信じ、一層堤防近くに立地するようになった。しかし、その堤防を越えたり破壊する大波が襲来すれば、被害は深刻になる。このような関係は、河川堤防をはじめ、砂防ダムを含む大ダムなど、多くの治水施設の場合もまったく同様である。防災のためには、堤防によって守られる地域の土地利用への深い配慮が重要であり、地域住民の自助の姿勢を含む、災害への正確な認識が欠かせない。

高潮による危険度は、気候変動による海面水位上昇と台風の激化によって倍化される。津波による危険度増大はもとより、汀線の後退、台風激化による波の高さの増加により、海岸浸食は一層進行する。砂浜はさらに減少し、海岸をめぐる生態系の危機も増大する。

海面水位上昇と汀線の後退は、海岸保全のあり方にも大転換を迫る。海岸堤防の嵩上げ、もしくは移設を余儀なくされるが、防護すべき海岸線(海岸保全区域)は、海岸線延長約三万五〇〇〇キロメートルの約四三パーセントにあたる約一万五〇〇〇キロメートルにも達する。

海岸域の複雑な管理

海岸線付近の土地の管理にも課題がある。沿岸区域は、海岸法に基づく海岸保全区域、漁港漁場整備法による漁港区域、港湾法による港湾区域が定められており、法律によって管理者が異なっている。

しかし、この区分とはまったく無関係に沿岸部の土砂は流れる。海岸に防波堤を伸ばすと、流れの上手側に堆砂が生じ、下手側で浸食が生ずる。これらは前述の法による沿岸域の分割とは関係なく進行する。港湾や漁港の各管理者が事業を行う際、他の管理者が担当する周辺海岸へ悪影響を及ぼすことへの配慮には乏しい。異なる管理者下の海岸線にわたる課題については、相互に調整を行って全体の最適を求めるべきであり、そのためにはそもそも日本の海岸全体をどうすべきかの哲学を確立しなければならない。

例えば、海岸における保安林管理によって、海岸保全区域内であるにもかかわらず、砂浜が消失し、護岸と化した例がある。宇多高明によると、千葉県房総半島南端の平砂浦では戦後、海岸近くの自然砂丘において、飛砂防止のための保安林整備が進められた。その保安林を浸食から守るために、砂浜の砂を使用して保安林の前面に土堤や護岸が設けられたと推定されている。宇多によると、「自然豊かな場所ほど人工海岸化が進み、コンクリートで覆われた海岸が多くなるという逆説的な結果をもたらすことになった」(『海岸侵食の実態と解決策』第2章)。海岸法の定める海岸保全区域内であるにもかかわらず、森林法にもとづいて保安林は守らなければならない。このような行政の矛盾が、望ましくない副作用を生んだ例は数多い。

各管理者はその管理範囲内を各省の土地と考え、自由にその土地や水を利用できる錯覚に陥っているように思われる。

決壊する海岸

江戸時代中期の八代将軍徳川吉宗以来、食糧増産のために、沿海域を干拓・埋立して土地を造成してきた。明治以降は、沿海域で事業を展開する際の厄介な土地問題を避けるため、あるいは経済開発のため、沿海域および海域への進出によって問題を解決してきた。序章でも触れたが、明治初期、東海道線の新橋・横浜間の建設に際して、汐留から品川までの九キロメートルの線路を、海の中の遠浅の干潟に敷設した。第二次大戦後は、高速道路やバイパス道路を水際線や海上に建設した例は多い。

おそらく臨海部開発の立案者は、海岸線の国土資産的価値や地政学的役割をほとんど考慮せず、安易に、あるいはむしろ優れた選択と考え、海面を利用したように思われる。その開発によって、海岸の景観と生態系が破壊され、地域によっては海岸災害の危険度が増している。

序章で述べた湘南海岸に限らず、東海道や北陸河川などの河口周辺で海岸決壊が深刻に進行している例は多い。全国の海岸浸食に共通する原因は、河川から海へ流出する土砂量の激減である。

激減した土砂流出

第二次大戦直後の一九四〇年代後半から五〇年代にかけては、海岸への流出土砂が多く、その対応に苦慮した川が多かった。当時は、大型雨台風や豪雨を伴う梅雨前線により大洪水が頻発し、それに伴い大量の土砂が河口から周辺海岸へ流出していた。

しかし、日本の高度成長を支えた河川改修、ダム、堰などを含む多様な国土開発によって、河川からの流出土砂量は激減した。また、各種建設事業のためにコンクリートの骨材需要が増加し、大量の砂や砂利が河床から掘削された。大型ダムが建設されると、その人造湖に堆砂が進み、ダム下流への土砂流送を減少させた。

戦後しばらくの間、上流域を中心に土砂災害が頻発したため、砂防事業はじめ、土砂流出を和らげる事業が行われた。その効果も加わり、河道から河口へ向かう土砂量は減少した。大洪水の発生頻度が減ったことも、土砂流送を減少させたと思われる。

特に東海道の諸河川、大ダムを建設した日本海側の黒部川、阿賀野《あがの》川などの河口付近で海岸浸食が進んでいる。例えば、静岡県の安倍川河口からの流出土砂は、東側の三保半島の海岸を養っていたが、その減少によって、三保海岸は浸食に悩み、テトラポッド設置などの海岸保全事業によって辛うじて浸食のさらなる進行を防いでいる。名勝羽衣の松も、浸食防止事業をしなければ、今ごろは海中に没していたであろう。

天竜川河口周辺の浸食

氾濫を繰り返し、〝暴れ天竜〟と呼ばれていた天竜川は、長野県の諏訪湖に発し、伊那谷を南下して、静岡県の西部海岸から太平洋に注ぐ、延長二一三キロメートル、東海道屈指の大河である(図3-5)。多くの他の東海道河川と同じく、天竜川は急流であり、大量の土砂を流してきた。明治・大正時代までは、その大量の土砂が河口周辺の海岸に堆積し、わずかとはいえ新しい土地が生まれ、有効に利用されていたという。

一九三五年(昭和一〇)に泰阜《やすおか》ダムが建設されると、その堆砂によって、上流の天竜峡河床は上昇し、さらにその上流の飯田の河床上昇により氾濫水害が増大した。水害の原因が泰阜ダムにあるとする地元と電力会社との争いが激化した。戦後には、佐久間ダム(一九五六年完成)をはじめ、電力専用ダムを主体に、多数のダムが築造され、五〇年代から六〇年代にかけての電力需要急増に

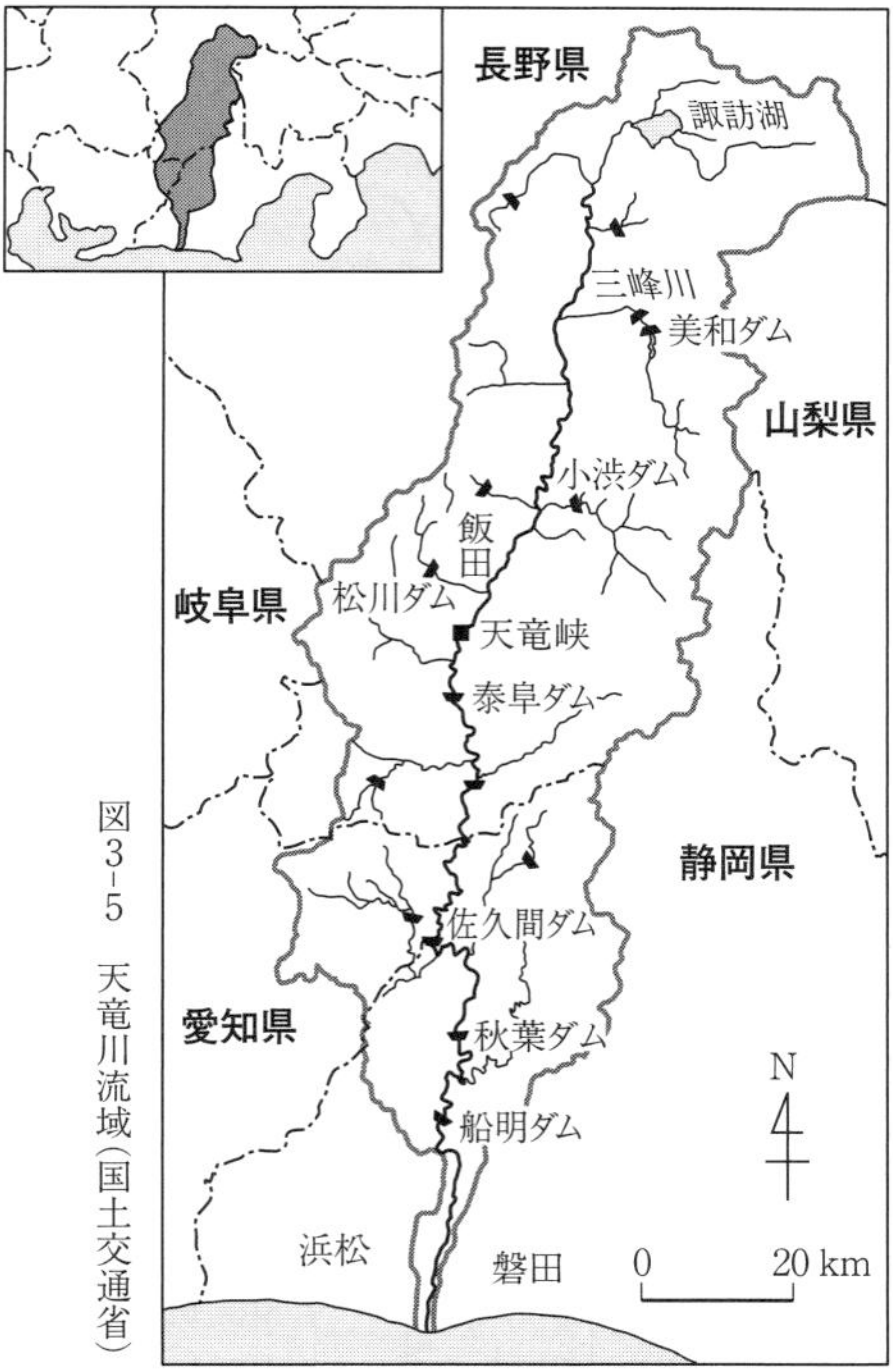

図3-5 天竜川流域(国土交通省)

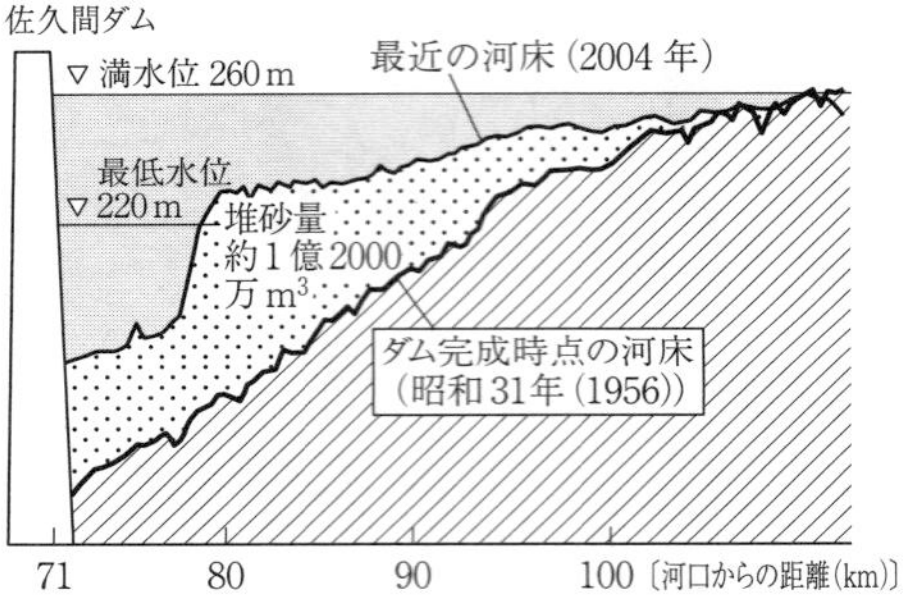

図 3-6　佐久間ダムの堆砂（国土交通省）

よる電力不足を救った。

コンクリートの骨材としての天竜川の砂利採取は、一九五〇年代に年間八〇万〜一四〇万立方メートルにもふくれあがった。一方、二〇一〇年現在、佐久間ダム湖には建設後約五〇年間に一億二〇〇〇万立方メートル（年平均二四〇万立方メートル）という巨大な堆砂（図3-6）があり、この湖の総貯水容量に対して三七パーセントにも達している。前述ダム群では大量の土砂の堆積が進んだ。こうして河口から海岸への土砂流出は著しく減少し、河口周辺の海岸は浸食され、海岸線は後退し始めた（本章扉写真）。

天竜川河口周辺では、一九五〇年から現在まで海岸線は約三〇〇メートルも後退し、河口から東西数十キロメートルに及ぶ遠州灘の海岸線が一斉に後退した。河口から西方四〇キロメートルにある、日本三大砂丘の一つに数えられる中田島砂丘では、この間に海岸線が約二〇〇メートル後退した。かつてサンド・スキーに賑わった砂丘も、いまでは海の中である。

佐久間ダム堆砂を河口へ

天竜川の管理者である国土交通省は、天竜川ダム再編事業を実施している。佐久間ダムを管理している電源開発株式会社（J-POWER）と共同で、ダム湖の堆砂を減らして洪水調節効果を増し、さらにその土砂を河口とその周辺海岸へ運び、海岸浸食を和らげる長期事業である。両者は二〇〇九年から協議に入っている。具体的には、貯水池の堆砂を掘削して貯水池内の洪水調節量をある程度増加するとともに、新たに排砂バイパス・トンネルを掘削して、堆砂の一部をダム下流に流下させる案が検討されている。

佐久間ダムは電力専用ダムであるので、洪水による危険度を増大させてはならないが、積極的に洪水調節する義務はない。しかし、社会の要望の変化に伴ってダムの役割も修正されるべきである。電力ダムのなかには貯水容量が巨大な例もあり、気候変動により、大型台風の増加や集中豪雨の頻発が予想されることから、その貯水容量の一部を洪水調節に使える意義は大きい。洪水調節容量を増せば発電容量に食い込むので、その補償はしなければならないし、それに伴う水位操作ルールの変更など、新たな課題もある。

前述の排砂バイパス・トンネルは、天竜川上流、長野県伊那市にて合流する支流・三峰《みぶ》川の美和《みわ》ダムにおいて二〇〇五年に完成しており、さらにその下流側の支流・小渋川の小渋ダム、さらに下流の飯田市にて西から合流する支流・松川においても工事中である。

計画では、佐久間ダムはじめ上流や支流に貯まっている土砂を、洪水時などを利用して順次下流へ運ぶ。ダム湖に貯まっている土砂を大量に掘削し、トラックで海岸まで運ぶのが手っ取り早い方法には違いないが、佐久間ダムから河口まで約七〇キロメートルの運搬費は膨大である。多数のトラックで何百回も運ぶとすれば、ダンプ公害も免れない。

また、佐久間ダム下流の秋葉、船明《ふなぎら》両ダムとも土砂を通過させる方法を検討しなければならない。洪水時の水門操作などによってある程度、土砂通過は可能であるが、といってつぎつぎとバイパス・トンネルを掘削するのは経費が高くなり、容易ではない。

河道内を土砂通過させるのが、自然としての河川の運動を重視する正攻法である。このような河川への大手術は、相当長い区間にわたる総合的大規模事業となる。そのためには長年月かかるのもやむをえない。

天竜川河口周辺の海岸線を、これ以上浸食させず、維持するためには、河口へ年間約四〇万立方メートルの土砂の供給が必要と推定されている。前述の天竜川ダム再編事業の試算によれば、現在佐久間ダムへの流入土砂量は年約二四〇万立方メートルであるが、各支川の排砂バイパス完成によって年約五〇万立方メートル増加する。佐久間ダムの排砂バイパスからは、年約二〇万立方メートルが流出する。現在、河口から海へ放出される土砂量は、年約一〇万立方メートルと推定されているので、計約三〇万立方メートルへと増加する。洪水発生の頻度などによって流出量の年変動も激しいので、高い精度の予測は難しく、上述の目標を達成するには長年月を要するが、海岸浸食は相当和らぐであろう。

大井川長島ダムの堆砂対策

海岸線の後退は、特に東海道の相模川、安倍川、大井川、そして天竜川、矢作《やはぎ》川の河口周辺で著しい。これら東海道河川は、中央・南アルプスに挟まれた急勾配河川である。中央構造線という大断層帯が流域を横断し、脆弱な火成岩、変成岩などが広範に分布するため、洪水時を中心に支川から大量に土砂が流れ下る。

天竜川の東隣の大井川は、「箱根八里は馬でも越すが、越すに越されぬ大井川」と詠われたように、橋が架けられなかった江戸時代には、たびたびの洪水に旅人は両岸の宿場に何日も逗留しなければならなかった。

駿河湾の西側の駿河海岸でも、大井川河口の左右岸の浸食が一九六〇年代から進行した。一九七八年に休止されるまで、河口部での砂利採取が海岸浸食の一因であった。

二〇〇二年に河口から約七〇キロメートル上流に完成した長島ダムは、当初から従来のダムとは異なる堆砂対策が実施された。ダム上流六キロメートルに、土砂を貯える貯砂ダムが設けられている。長島ダムの全堆砂量は九年間に約一七四万立方メートルに達したが、この貯砂ダムが、そのうち七二万立方メートルを受け止めている。貯砂ダムの堆積土砂は、水深も浅く掘削除去しやすい。堆積土砂の下流への運搬には、川沿いを走る大井川鉄道を利用する計画が検討されている（図3-7）。貯砂ダム最寄りの千頭《せんず》駅までは一〇トンダンプで運び、千頭駅から家山駅まで大井川鉄道で運搬する案である。

図3-7　大井川流域（国土交通省）

川の流れとともに

川の流れとともに土砂は流れて河口に至る。その土砂によって河口とその周辺の海岸を養っていた。河川改修、ダム、砂防、水利用のための堰は、その流れを制御して目的を達成した。しかし、その一方では本来の川の自由を奪うことにもなった。川の生命と比べれば、きわめて短い年月のための人間の要望により、つぎつぎと新しい技術が加えられる。技術が大規模化するとともに、その副作用は大きくなり、川の自由はさらに失われる。

重要なことは、大規模な河川事業の計画段階から、その副作用を予測し、その対策を考慮することである。そして副作用が河川の自由な運動を著しく阻害する場合は、その河川事業は断念すべきである。人間の短期的要求によって河川の自由を極度に翻弄し、河川の生命を奪いかねない技術力をふるってはならない。

文化資産としての海岸

「われは海の子」は、かつて小学唱歌の中でも人気が高く、国民唱歌ともいえる唱歌であった。しかし、旧文部省は、この歌を文部省唱歌から外した。「煙たなびく苫屋《とまや》こそ、わがなつかしき住家《すみか》なれ」と聞いても、いまやどこの海岸にも苫屋などありはしない。学校で教えるのに苦労する。同様な理由で、「村の鍛冶屋」も文部省唱歌から消えた。もはや、鍛冶屋はどこにもない。つまり、これらの名歌を唱うのは時代錯誤とでもいうのであろうか。

苫屋が姿を消しただけではない。砂浜が減り、海岸はコンクリート堤防で囲まれ、「われは海の子」の雰囲気も、多くの海岸で失われてしまった。時勢に後追いするのではなく、なぜ日本の海岸線が失われたかを考え、その復活への期待を名歌に託したい。

日本が誇った海岸美は、経済発展から取り残された過疎地の岩石海岸や、わずかに残った砂浜にしか見られない。海辺を讃えた古典でのみ、かつての奥床しい海岸を偲べるとは情ない。

日本の長い海岸線の各所に、日本人がいかに親しく海岸とつき合ってきたかを示す、歴史的、文化的、経済的軌跡がある。塩田や食糧増産のための埋立地・干拓地はその例である。この海岸線に秩序を吹き込み、自然の摂理を尊重した海岸線を形成することこそ、今後の国土形成の目標でなければならない。全国の海岸線に対する国家としての哲学と統一的方針の確立を切に望む。その統一的方針に基づいて、それぞれの海岸域、それぞれの担当官庁が役割を分担して保全事業を展開すべきである。

第4章　川と国土の未来

高速道路が覆い被さるようにして走る現在の日本橋（上）と将来のイメージ（下）（CG提供：日本橋地域ルネッサンス100年計画委員会）

危機にある日本の川と国土をこれからどうするのか。当面の都合だけを考えていては、国土に未来はない。国土保全の長期的構想を提示する。

1　文明と災害

大災害は文明を反映する。大災害において、その時代の土地文明がテストされる。災害の様相には、文明の欠陥があからさまに露呈される。

台風の教え

一九四七年九月のカスリーン台風による、利根川や北上川の有史以来といわれる大水害は、戦中・戦後の国土荒廃、インフラの弱体化、そして国土保全の矛盾を赤裸裸に映し出した。その矛盾は第1章で述べたように、明治以降の精力的な河川改修と洪水の歴史、そして流域の開発の歴史的考察によって理解される。これら水害に際して撮影された多くの写真には、人々の顔付きや服装、周辺の建物や田園や都市の風景として、それが生々しく見えている。

一九五九年九月の伊勢湾台風には、やがて世界を驚かすことになる日本の高度経済成長の前兆とも思われる災害風景が映し出されている。大災害は、大型台風ゆえにやむをえなかったと考えるのではなく、戦後復興段階における無秩序な開発こそ本質的原因であったと認識すべきであった。経済活動の発展に逆比例して、土地の防災力は極度に低下していた。目先の経済発展優先の政策が、足元の土地の安全を考慮していなかったのである。

この教訓はしかし、第1章で見た通り、その後に活かされたとは言えない。したがって現在においても、われわれの文明にはまったく同じ危機が潜んでいる。

地図は悪夢を知っていた

かてて加えて、伊勢湾台風では災害を警戒する基本情報が無視された。「地図は悪夢を知っていた」とは、『中日新聞』同年一〇月一一日の見出しである。その記事は、伊勢湾台風による浸水深をも含む水害地域が事前に詳細に、濃尾平野の水害地形分類図によって予測されていたにもかかわらず、役所の引き出しに仕舞い込まれたまま防災計画に役立てられなかったことを暴いていた。この図は、地理学者である多田文男東京大学教授の指導により、大矢雅彦早稲田大学教授が作成したものである(肩書はともに当時)。

この事実は、一行政官が迂闊であったというよりは、行政組織の構造的要因、もしくは行政官全体の高度な常識の欠如というべきである。このような事情は、現在も大きく改善されているとは思えない。行政官のもとへは、絶えず膨大な資料が届けられる。地方の土木関係の部局では、地方庁の上部機関である中央官庁、すなわち当時の建設省からの資料であれば、まず無視することはなかったであろう。しかし、特に親しく付き合ってもいない他官庁や大学などの研究機関からの資料に丁寧に目を通すことはあまりない。担当者が、防災に限らないが、これは重要な資料と見定める眼識があるか否かの問題である。要するに、行政官の常識の問題である。

東日本大震災の教訓

二〇一一年三月一一日の東日本大震災は、巨大地震と近年まれな大津波、それに福島第一原子力発電所のメルトダウンという重大な複合災害であった。地震や津波については豊富な歴史的情報があり、その予測は世界でも最も進んでいるとさえ評価されていた。エネルギー政策としても、日本は自信を持って原子力発電に舵を切っており、その技術力には多くの一般住民も信頼を置いていた。メルトダウンが発生して大量の放射性物質が放出されると予想していた政治家、行政官、研究者はきわめて少なかった。

原発事故の原因については、すでに多くが語られ、公表されている。ここではただ、それが高度技術社会の脆弱性の露呈であり、総合技術システムの欠陥によると指摘するに止める。重要な点は、日本の原子力発電所、火力発電所はすべて臨海部にある。それは発電所の立地条件の点からやむを得ない。しかし第3章で指摘したように、臨海地域は元来、多くの難問を抱えている。東日本大震災は、単に地震と津波対策への問題提起にとどまらず、全国の沿岸地域のあり方に重大な警告を与えたと理解すべきである。

東日本大震災以後、技術不信の矛先はもっぱら原子力技術、特にその施設の安全性に向けられている。他方、地震、津波、火山噴火、洪水など、自然の猛威が原因となる災害に関係する科学者・技術者にとっては、防災施設の限界を再認識し、自然との共生こそが自然災害に直面する基本姿勢であると確認する機会となった。すなわち、自然に対する深い理解を持った上で、開発や防災技術と自然との調和をわきまえることの重要さである。

川とどうつき合うか

水害についていえば、川という自然とどのようにつき合ってきたか、これからの時代に自然とどうつき合うかが問われている。

モンスーン地域特有の豪雨、そして急流河川という条件の下、日本では一〇〇〇年以上、多くの治水経験を経て河川技術を磨き、伝統的技術観を形成してきた。さまざまな技術活動に対し、川は反応を繰返し、技術は川とつき合う作法を磨いてきた。明治以後の近代的大規模事業においても、伝統的技術観と調和させることに、ある程度成功した。それが、欧米の河川とは性質がきわめて異なる日本の河川に、ユニークな新技術を確立しえたゆえんである。

広井勇《いさみ》(一八六二〜一九二八)は明治四一年(一九〇八)、小樽にアジアで初めて外海の荒波を受け止める北防波堤を築いた。その真名弟子、青山士《あきら》は、明治三六年大学卒業後直ちに、人類のために最も重要な土木事業を求めて、パナマ運河工事に赴き、帰国後、東京を荒川の洪水から守る荒川放水路と、新潟平野を信濃川氾濫から救った大河津分水を築いた。

いかに近代的治水技術がすぐれていても、治水施設のみでは大水害は防げないことをこれらの先達はよく心得ていた。技術を加えたことによって、川がしばしば予測を越える変化を遂げるため、川を読む力があって初めて、川の技術を体得できる。さらに重要なことは、明治以降の治水指導者が国土づくりに注いだ使命感と、自分の仕事が死後何十年にもわたって残ることに対する責任感である。その「こころ」が明治以降の治水文明の底辺を支えた。

2　ハード対策の限界と新しいソフト対策

確率に基づく治水計画

第1章で述べたように、明治以降、重要河川には長大な連続堤防や放水路、遊水地が建設された。第二次世界大戦後、昭和初期から築いてきたダム事業が全国的に展開され、水力発電、水資源開発、洪水調節に貢献した。しかし、技術力によって川を完全に支配できるわけではない。その反応をわれわれが完全に予測するのは容易ではない。

現在、日本の重要河川では、二〇〇年に一回の確率で発生する大洪水に対する安全を目標としている。河川の重要度に応じ、一五〇年、一〇〇年確率などが治水目標とされている。

治水計画に確率が適用されたのは、第二次世界大戦後である。それ以前は、原則として従来の最大洪水流量を目標に、その時点での財政状況などを考慮して定められた。戦後、洪水流量記録に基づいた確率解析により、河川の重要度に応じて治水目標が定められた。その後は、流域への雨量記録から確率を求めるようになっている。この手法によって、全国河川の安全度の目標を客観的に評価できるとされた。

ただし、この制度は、全流域雨量の求め方、雨量から流量を求める計算法、計算の対象となる年数などに支配される。また、五〇年に満たない期間の流量に基づいて、その期間を上回る長年月の確率洪水を計画に採用するなど、いくたの課題を抱えている。さらに、これらの目標達成は当分不可能であるので、当面の目標として戦後最大洪水などが計画対象とされているのが現状である。

超過洪水にどう対処するか

治水計画にとって重要なのは、これら計画対象を越える、いわゆる「超過洪水」の場合への対応である。従来、治水計画は、治水施設への信頼に基づいて実行されてきた。それを越える大洪水に対しては、治水事業のみでは対処できないとされてきた。

超過洪水に対しては、河道外の氾濫原の土地利用規制を含む、地域計画で対抗すべきである。居住地区や農地、工場用地の浸水を前提として、人命と財産を守る土地利用計画を樹立しなければならない。浸水頻度の高い区域は、新たな開発を禁止、もしくは強く規制することが必要である。

超過洪水への対応として、より強大な堤防やダムなどの構造物を軽々に計画すべきではない。莫大な工事費が財政を圧迫することに加えて、そのような巨大で堅固な構造物が建設されると、住民は安心し切って、治水の安全性の向上を前提に新たな地域計画が作成される。しかし、治水施設は万能ではありえない。その構造物が洪水に耐えられなかった場合、大悲劇を招くことになる。

既設大ダムの新たな役割

治水計画を越える大洪水に対して、以下述べる方法を実施すれば、河川によってはある程度、治水安全度を上げることができよう。

まず、現存の治水施設にくふうを凝らす方法を提案したい。ダムの目的変更は一般に簡単ではないが、現行のルールを変更し、洪水調節能力を高めることである。多目的ダムの場合は、社会情勢の変化に応じて、利水(飲み水、農業および工業用水、発電など)の一部の容量を洪水調節に変更する。発電専用ダムでは、ダム湖に堆積した土砂を浚渫《しゅんせつ》し、その容量も含めて洪水調節に充てる。第3章では、天竜川の佐久間ダムに関して実施しつつある例を紹介した。

以上の提案で実現できる例は限られるとはいえ、種々の機能を持ちうるダムは、今後とも社会の要望の変化に応じた対応が望まれる。なお目的変更に伴い、従来の目的の一部でも失われる部分については補償が必要であることはいうまでもない。

なお、目的変更にかかわらず、ダム湖の堆砂の多い場合は、浚渫による若返りを検討すべきである。発電専用ダムなど、治水義務のないダム湖で堆砂が進んでいる例は少なくない。堆砂の浚渫には、経費負担の課題があるとはいえ、若干の治水効果が期待される。

宮崎県から鹿児島県へ流れ下る川内《せんだい》川の中流部に、一九六五年に築かれた鶴田ダムがある。この川では一九七二年および二〇〇六年洪水において、ダムからの放流などによって下流に大水害が発生した。その場合、洪水調節容量を増加させるために、電源開発会社が権利を持つ発電容量を買い取った例がある。

次に、既設ダムを嵩上げして、貯水容量を増す方法が考えられる。ダム湖水位の高い部分は貯水池面積が大きく、数メートル水位を上げただけで相当量の貯水容量を増加させることができる。旧ダムに直接つけ足して嵩上げした例は、新中野ダム(函館市水道用)、新桂沢ダム(三笠市多目的用)など、約二〇のダムがある。

既設ダムの下流側に新たにダムを新設し、旧ダムを水没させ、新ダムによる貯水容量を一挙に増大させる例がつぎつぎと実施されている。北海道の夕張シューパロダム（石狩川水系夕張川）では、ダム高は六七・五メートルから一一〇・六メートルとなり、貯水容量は八七〇〇万立方メートルから四・二七億立方メートルへと約五倍になる。岩手県の胆沢《いさわ》ダム（北上川水系胆沢川）は、一九五三年完成の石淵ダムを沈め、その下流に新ダムを建設し、貯水容量を約九倍にする計画である。

もはや大ダムを建設する好地点は少ない。財政窮乏の折から、既設ダムを利用する方法が現実的であり、とくに治水安全度向上が切実な河川においては検討に値する。

水田の一部を遊水地に

従来は考えられていなかった治水方策として、農地や休耕田などを一種の遊水地とする方法がある。常時利用している水田などの農地に、計画的に、大洪水の際に氾濫水を一時貯溜するシステムである。現在、利根川、北上川、淀川水系などには、大規模遊水地が完成しており、すでに洪水時に有効に役目を果たしている。しかし、中小河川には、貯水容量の大きい遊水地候補がなく、ほとんど実現していない。

しかし、その気で探せば全国に遊水地候補地はかなり多く存在する。全国には現在、総計二八・四万ヘクタール、すなわちほぼ神奈川県以上の面積に相当する耕作放棄地がある。個々の土地は小面積とはいえ、小河川の洪水にはかなりの貯溜効果を期待できる。近年、局地的集中豪雨が頻発傾向にあるので、もしその土地が河道近くにあれば有望である。しかも、耕作放棄地は増加傾向にある。

現実には、土地所有者の合意が必要であることはもちろん、農政担当者は、それらを再度耕作地とするなど、何らかの利用目的を持っている。これらの壁を破るのは簡単ではない。耕作放棄地増加の要因は、農民の高齢化や労働力不足のほか、土地所有が非農家である場合も多いので、放棄地の原形復旧は一般にきわめて困難である。またこれら放棄地は河道から離れた比較的高地も多く、遊水地適地は必ずしも多くはない。休耕田も遊水地候補であるが、その多くは河道の近くではないので、洪水流を導き入れることはできない。

それでも耕作放棄地や休耕田のなかから遊水地候補を探す努力は続けたい。今後、気候変動による水害頻発が予想される情勢の下、農地の管理と治水の管轄が異なるのが難点であるが、省庁の壁を越え、治水能力を高める努力に期待する。次に示す水田の遊水地利用はその一つの候補である。従来の慣習どおりでは実現は容易でないが、関係官庁が妥協を見出す努力に期待する。

中小規模河川の遊水地

遊水地として期待できるのは、むしろ現在水田などに利用されている河道沿いの土地である。佐賀県の六角川(流域面積三四一平方キロメートル、長さ四七キロメートル)の支川、牛津川に、二〇〇二年に牟田辺遊水地(五三ヘクタール、貯水量九〇万立方メートル)が設置された。常時水田として利用されているが、一〇〇年に一回の洪水に相当する一九九〇年七月規模の洪水による水害を軽減することを目的としている。

六角川は低平地を緩やかに流れ、一度溜った水はなかなか引かない。全流域で稲作が、一部では畑作が営まれ、下流域の河口近くでは海苔や貝類などの漁業が営まれている。この流域は浸水被害常襲地であり、特に一九八〇年には浸水家屋約四八〇〇戸、浸水面積約二八〇〇ヘクタール、一九九〇年七月には一五二〇ヘクタール浸水など、小流域としては深刻な水害が発生している。地形上、洪水調節用ダム建設は不可能であり、特に河口部は干満差が六メートルもあるので、排水条件はきわめて悪い。この水田に遊水地としての地役権が設定され、その補償額を地価の約三〇パーセントとした意義は大きい。

二〇〇九年七月には、一九九〇年以来の大出水にもかかわらず、この遊水地の効果は大きく、下流水位を低くし、破堤を防いだ。この遊水地計画は小規模ではあるが、水田で浸水に悩む流域には適用可能性が高い。

地役権設定による遊水地計画は、すでに北上川水系の一関遊水地、最上川水系の大久保遊水地、淀川水系木津川の上野遊水地のように、大河川では先例がある。しかし、六角川のような小河川では、経済効果が小さいなどの理由で実現していなかった。今後、短時間雨量の増加が予想される状況下、六角川流域のようにしばしば浸水被害を受けている小流域への適用を多くの水田で期待したい。治水政策の一環として、農地の遊水地利用適地を積極的に探し、行政も融通性のある対応が望まれる。遊水規模が小さいといって過小評価するのではなく、治水への新たな発想として重要である。

南海トラフ巨大地震

二〇一二年三月末、内閣府が設けた「南海トラフの巨大地震モデル検討会」の発表は、茨城県から鹿児島県までの太平洋岸の市町村を恐怖に包んだ。「トラフ」とは海底の細長くくぼんだ地形をいう。南海トラフは東海沖から四国沖に及ぶ海底地形で、二一世紀前半に予想されている東海・東南海・南海地震の震源域と想定されている。特にこれら三震源域が連動する三連動地震は重大であり、十分に警戒し、対策を用意しなければならない。

検討会は、地震の規模を東日本大震災なみのマグニチュード九・一に設定し、震度分布モデルの多くのパターンに基づいて、地点ごとの震度の最大値の分布を試算した。その結果、震度六弱以上の恐れのある地域は、実に二四府県六八七市町村に及んだ。

津波高については、一一パターンを通じた最大値を公表した。津波高一〇メートル以上の地域は一一都県九〇市町村に及び、最大の津波高は高知県西部の黒潮町の三四・四メートルであった。その他、静岡市で一〇・九メートル、豊橋市二〇・五メートル、高知市一四・七メートル、宮崎市一四・八メートルと、いずれも従来の最大想定値の一・五〜三倍であった。もっとも、以上はいくたのモデルの最悪の結果をつなぎ合わせたもので、大津波が同時に発生するのではない。

大津波の脅威と気候変動による海面上昇に備えて、臨海部の土地利用を思い切って見直す長期計画を樹立すべきである。特に波打際近くまで立地している住居、重要建物、防潮堤を移転すべきである。移転は政治的にも行政にとっても容易ではないであろう。しかし、津波や高潮によって大惨事を起こす前に、有効な対策を講じなければならない。

ゼロメートル地帯の対策

南海トラフ地震の際に最も危険であり、対策が容易でないのは、東京、名古屋、大阪のゼロメートル地帯である。津波や高潮によって水没する可能性のある地域のそれぞれ一〇〇万を超す住民の緊急避難計画をどうするか。当面は、ある程度高い鉄筋コンクリート建築を点検し、安全度の高いビルを緊急時の避難場所とし、必要に応じ新設ビルには避難ビルとしての役割を課し、あるいは建設する。そのためにも、住民に対する丁寧な情報提供は大前提である。

東京都東部の荒川などで企画されていたスーパー堤防(第2章1節)は、大洪水の際の避難地としても重要である。東京都江戸川区は、東京東部低地に位置し、利根川、江戸川、荒川の氾濫想定地域の最下流にある。区全体約五〇平方キロメートルの、およそ七割がゼロメートル地帯である。過去何回も利根川決壊による氾濫流に洗われ、一九一七年(大正六)には高潮によって死者二四〇人を出すなど、スーパー堤防に最も期待している区である。荒川などの氾濫に備えて、台地、公園、収容可能な三階以上の約一万棟などに、それぞれ数十万人の避難計画があり、住民との説明会を一〇〇回以上開いている。

江戸川区と同様な氾濫危険を抱えた東京、大阪、名古屋の三大都市のゼロメートル地帯とその周辺地区も、同様な防災態勢を整えつつあるが、前途は必ずしも楽観できない。

ハードへの過信

東日本大震災の重要な教訓の一つは、防災施設への過度の信頼や、防災情報への安易な依存への警告である。地域住民は、堅固で安全度が高いといわれる防災施設が完成すると、これで絶対安全と思いがちである。

岩手県宮古市田老《たろう》の防潮堤は、一九七八年(昭和五三)に四四年の歳月を費して竣工した高さ一〇メートル、延長二四三三メートルという二本のX型巨大堤防であった。高さ一〇メートルというと、一九三三年(昭和八)の昭和三陸津波は防げるが、一八九六年(明治二九)の一五メートルの明治三陸津波には耐えられない。ましてや、二〇一一年三月一一日の大津波はこれを容易に越えてしまった。

釜石市には、湾口防波堤が一九七八年(昭和五三)着工され、二〇〇九年(平成二一)に完成した。海底の深さ六三メートルから立ち上げ、水面上の数メートルを加えると七〇メートルという大堤防である。釜石湾の入り口を塞ぐ画期的構造物であり、市民の誇りでもあった。

田老、釜石以外にも壮大な防潮堤が完成した。大部分の住民はその大堤防に安心し切っていたので、三・一一大津波の際、逃げようとしなかった人々や、逃げ遅れた人々は少なくなかったという。

釜石では、津波の浸水の恐れのある区域や避難場所などを周知する目的で、岩手県による津波ハザードマップが住民に配布されていた。ハザードマップには、明治および昭和の三陸津波、および想定される宮城県沖連動地震で発生する津波による最大浸水範囲が示されている。ところが片田敏孝群馬大学教授によれば、このハザードマップの浸水想定区域の外に住む人々が、津波に対して安心と思い、逃げ遅れて多く犠牲になっている。つまり、ハザードマップの想定をはるかに越える津波が襲来したため、このような不幸な結果になってしまった。

これらの事実は、全国の防潮堤や河川堤防の周辺の住民にとって、また全国に普及しつつあるハザードマップを利用するうえでの教訓となる。多くの堤防は一〇〇年に一度の確率の高潮や洪水までには有効であるが、それ以上の大洪水には耐えられないと知るべきである。ハザードマップは有用ではあるが、問題はその読み方であり、利用方法である。

3　災害文化の復活

寺田寅彦（一八七八〜一九三五）は一九三三年の昭和三陸大津波直後に「津浪《つなみ》と人間」というエッセイを遺している。災害を忘れやすいのは「人間界の「現象」」であるとして、世代を超えて警告を伝える方法について述べる中で、一八九六年（明治二九）の大津波直後、災害記念碑が建てられたが、倒れたまま放置され、碑文は全く読まれなくなっていたり、あるいは新道ができて旧道にあった記念碑を見る人もいなくなっていたと記している。さらに、江戸時代以来、たびたび大火災を経験した江戸・東京の火災について、江戸時代に修得した火事教育の成果がその後すっかり忘れ去られ、明治以来の文明開化中毒によって、消防は警察の手にすっかり任せれば安心と思い込むようになってしまった。つまり、市民自らの平常の心構え、防火能力が埋没したともいう。

また、室戸台風によって大阪や高知で悲惨な高潮災害が発生した一九三四年（昭和九）の翌年、「颱風雑俎《たいふうざっそ》」の中で次のように述べている。明治以前には危険な場所には集落が稀薄になっていた。今回損害の大きかったのは、おそらく明治以後急激に発展した新市街地と想像される。中央線鉄道の窓から眺めると、停車場付近の新開地の被害が大きいが、昔からの古い村落の被害は少ないのは、停車場立地が、気象的条件を無視して、官僚的政治的経済的な立場からのみ決定されているから、と手厳しい。

寅彦の警告は、当時の他の多くの災害研究学者の報告が、災害現象の気象学的、物理的解析など自然科学的報告に終始しているのとは異なり、社会現象としての災害の本質を突いている。第1章でも述べた通り、災害は、地震、津波、豪雨などの自然現象が第一の原因であるが、基本的には社会現象である。災害の解明には科学技術的調査は不可欠ではあるが、社会科学的および歴史的調査が伴わなければならない。被災した構造物の立地の定め方、建設以来の災害経験、その立地以前にはどのように利用され、浸水などの経験があったかなど、その土地の履歴を調べるべきである。現実には、被災した同じ土地に構造物や施設を建設しなければならない場合が多い。その場合、当面の災害状況の調査では不十分であり、土地の履歴を重視すべきである。

寅彦の災害論はいまなお新鮮である。なぜなら寅彦の警告を生かすには、防災を重視した土地政策を含む強力な総合行政の実施が不可欠であり、その実現が容易でないからである。

確率をどう解釈するか

地震や洪水の安全基準に、しばしば確率論が提起される。治水計画における確率洪水については先に触れた。

問題は、確率をどう解釈するかである。一般の人々は、一〇〇年に一度の現象と聞けば、一生に一度経験するかどうかで、一度経験するともはや自分の一生の間には発生しないと思いがちである。東日本大震災のような大地震と津波は一〇〇〇年に一度と聞けば、災害後、二、三年は対策を真剣に考えるが、やがて当分は起こらないと思う、またはそのように思いたくなるのが、多くの庶民の感覚であろう。

しかし、一〇〇年に一回といわれる大洪水が数年間にたびたび発生した例は少なくない。北上川では一九四七年と四八年に、それぞれカスリーン台風、アイオン台風によって一関市は二年続けて水没した。その後約半世紀、このような大洪水は発生していない。熊本県の球磨《くま》川上流では、一九六五年、七二年、八二年、川内川では一九六五年、六九年、七一年、七二年、七六年、七九年と、つぎつぎと発生している。

「一〇〇年に一度の洪水」は、毎年一〇〇分の一の確率で洪水が発生することを意味し、一度発生すれば免疫を得るとか、次年から発生確率が激減するのではない。確率はしばしば立場によって都合よく解釈され、それによって不当に楽観、あるいは逆に悲観したりする。冷静に解釈しないと不用な混乱を招きやすい。

国民として知るべきこと

寅彦は「日本のような、世界的に有名な地震国の小学校では少なくも毎年一回ずつ一時間や二時間くらい地震津浪に関する特別講演があっても決して不思議はないであろうと思われる」と提言した(「津浪と人間」)。

この提言は約八〇年前、筆者の小学生時代のものだが、少なくとも筆者の周辺でこの特別講演を聞いた者はいない。特別講演は、筆者の小学校・中学校での体験では軍国主義に関わるもの、もしくは文学、経済、時事解説的なものがほとんどであったし、戦後は平和主義、民主主義に関するテーマが圧倒的に多いと聞いている。大災害経験地、あるいは災害教育を重視する指導者がいる学校では、寅彦の提言が活かされているかも知れないが、それは、むしろ例外ではなかろうか。

最近の高校新学習指導要領によれば、今後、地理の科目に防災教育が採用されるとのことであるが、その内容が知識普及に偏しないことを切望する。すなわち、種々の災害現象の解説ではなく、なぜ日本は欧米諸国と著しく異なって自然災害の種類が多く、しばしば烈しい災害に見舞われるのかを説明する。将来もまた重大な災害が発生すること、そしてわれわれの知恵と努力によって、来るべき災害の軽減は可能であることを具体的に提案する。災害を軽減するには、自らを守る自助、そして近隣者、知人が助け合う共助が必須である。最近報道されている孤独死発生の社会状況は、共助社会の崩壊を示している。少子高齢化の進行とともに、災害による高齢者、孤独者の犠牲を増加させる恐れがある。

父露伴の教え

幸田《こうだ》文《あや》さんは晩年、山崩れや土石流の観察を好まれ、筆者の東京大学での講義にも来られた。以下はその折に聞いた話である。

文さんの小学生時代、隅田川に少々の洪水が発生したおり、父露伴が現場に連れて行き、川の流れを確《しか》と観察せよと命じたそうである。隅田川は普段は和やかな風情だが、一旦洪水となれば危険な凶器となる。これは包丁と同じである。台所に必須の器具であるが、ひとたび強盗が手にすれば恐ろしい凶器になると説かれたという。

文さんの洪水の流れを見る眼は確かであった。たとえば、水面に流れて来る木片などの流出物が、けっして水面に一様に分布してはいないことも観察していた。実際、流出物は不等間隔でまとまって流れるが、これは、洪水流が流れ方向に何本かのらせんを描くように流れているためである。木片などは流速の遅い部分に集まるのである。

露伴は、万一川へ落ちたときの逃げ方も考えておけと指示したという。露伴の娘教育は名高いが、ここまで教えていたとはと感服させられた。

防災教育と郷土愛

わが国の義務教育においては、社会基盤や国土保全の重要性についての教育が著しく欠落している。日本の国土全般の災害特性とともに、それぞれの地域の災害特性を学ぶべきである。この場合、けっして紙上の知識に偏することなく、現地へ赴き、かつて大水害を起こした河川の破堤地点など、それに関連した地形や地質を現場で示すことが望ましい。現場を訪ねることによって、地相を読む初歩を身につけ、自然の特性を観察する楽しみを少しでも会得できれば、後述する地に足の着いた自然観の養成にも役立つであろう。

住んでいる土地の履歴や海面からの高さ、海岸や河川からの距離などは、必ずしも津波や洪水対策としてのみ重要なのではなく、つねに自分の位置を知ることは生活の常識である。近くの山の高さと仰角などを知れば、流れ下る川とその先の海への親しみも湧く。加えてわが国では詳細な雨の情報が得られる。それら身近な自然情報に接することが、身の回りの生活環境に対する愛着の基礎となる。郷土愛あってこそ国土への愛へと発展しうる。

義務教育だけではない。国土保全に重要な役割をになうべき技術者教育にも改善の余地は大きい。高校の教育は大学入試対策にひた走り、学生は大学入試科目以外については一般にきわめて貧弱な知識しか持たない。多くの私立大学では、入試科目を減らせば受験者が増すので、入試科目を減らし、理工科系でさえ数学を入試科目に採用しない大学も少なくない。

技術者教育においては、もっぱら構造物や施設のつくり方、すなわち設計理論に重点が置かれ、社会現象としての災害特性、避難などを考慮した地域づくりなど実践的災害学を教育していない。耐震構造や洪水流など構造力学や流体力学などの研究と教育は普及しているが、それは従来の工学的方法が最も得意とする分野だからであり、力学理論が及ばない防災の学問は、自ら開拓しなければならない。

大学生が、森林や農地などに数日滞在し、国土の実情を身を以て体験することを必須課目としたい。一般に大学のカリキュラムは融通性に乏しいのが難点である。可能ならば、そこで長期間働くことが理想である。日本の自然条件を踏まえた防災教育の確立が必要だからである。それができれば、防災教育の枠を越えて、現場の実情に疎い日本の理工系教育にも革新をもたらすであろう。

「稲むらの火」

一九三七年(昭和一二)当時の尋常五年生用の小学国語読本(いわゆるサクラ読本)に載った実話である。東日本大震災後、再び小学校の教科書に掲載されるようになった。津波災害に対する優れた教材である。

一八五四年(安政元)の大地震の際、現在の和歌山県広川町の濱口儀兵衛(教科書では五兵衛)が、海水が沖へ向かって引くのを見て、大津波の襲来を予感し、高台にあった自分の家の稲むらに火を放った。海の近くでそれを見た村人は驚き、その稲むらに駆け上がった。それで多くの村人が津波から救われたという。

伊藤和明(元NHK解説委員)によれば、この話は小泉八雲(ラフカディオ・ハーン)が、儀兵衛を主人公として「生ける神」という短編にまとめた。一九三四年、文部省が国語と修身の教材を全国から公募した際、和歌山県の小学校教員中井常蔵が、この短編を翻案して応募し入選した(「稲むらの火は生きている」『小説新潮』一九八八年九月号)。

釜石市の実践的防災教育

防災教育の目的は、当然ながら災害を減らすことである。すなわち、犠牲者を一人でも少なくし、水害では流失家屋、浸水地域などを減らすことである。防災教育といえば、とかく防災に関する知識教育にのみ関心が集まる。地震、洪水、火山などに関する最低限の知識および情報は必要である。阪神淡路大震災の際、地震の震度とマグニチュードの差も知らない人々がかなりいて話題となった。地震国日本で生活するには、この程度の知識は必要であろうが、重要なのは、より実務的な行動に結びつく教育である。

群馬大学の片田敏孝は、長年にわたって地域での防災活動を全国に展開してきた。特に釜石市における、津波からの避難指導は特筆に値する。片田は釜石市において二〇〇四年から危機管理アドバイザーとして児童・生徒を中心とした津波防災教育に取り組み、彼らが災害に立ち向かう主体的姿勢を定着させることに成功した。二〇一一年の大津波の際、釜石市の小中学生の生存率は九九・八パーセント（学校管理下では一〇〇パーセント）であった。この実績は尊い。しかし彼は、長年アドバイザーを務めたにもかかわらず釜石市に一〇〇〇人以上の犠牲者が出たことに、防災研究者として敗北だと告白する。

釜石へ通った当初、片田は主に大人を対象として講演していたが、顔触れがいつも同じであることに気づき、これではいけないと思うようになった。防災意識が高くなった人のみが聴きに来るからである。そこで二〇年を目安として、学校の子どもたちを教育することとした。小学生から教育して一〇年継続すれば、子どもたちは大人になる。もう一〇年続ければ、彼ら、彼女らは親になる。確たる防災意識を持つ多くの親が次の世代の子どもを育てる。釜石をはじめ三陸海岸に津波の脅威は永久に去らないであろうから、ここに住む以上、全市民が津波と正面から向き合うことが重要であると、片田は強く認識したに違いない。まことに遠大な計画である。

この大津波における岩手県の小中学生の死亡率は、他の二県と比較して顕著に低い。釜石での津波防災教育を行った先生方が、異動等で他の沿岸地域に普及した効果が含まれているのであろう。片田の小中学生教育は県内で広く知られるようになっていた。片田の長年に渉る実践的防災教育は、今後の全国での防災教育にとって貴重な参考となる。ただし防災実践教育の方法は、災害の種類、地域によってけっして同様ではない。それぞれの地域に適合した方法を、防災研究者が地元の人々と協議しながら模索すべきである。

危険の周知

実践的防災教育が普及しても、それが防災の実務に生かされなければ何もならない。一九七四年(昭和四九)七月七日に東海地方を襲ったいわゆる七夕水害の調査の際、防災行政担当者との会合で筆者は、氾濫浸水跡を市内各地の電柱などに標識で示すことを提案した。しかし、行政官はそれにはきわめて消極的であった。なぜならその種の表示が市民の目に触れると、「それならなぜ河川事業などによって対策を立てないか」と攻撃されるが、そのための具体的対策は直ちに実行できないからだという。最終的妥協案は、電柱の裏側にあまり目立たないように浸水位を表示することであった。

それから約四〇年、水害とその情報への理解もかなり高くなったと思っていたが、行政の認識はいまだに次の通りである。ゼロメートル地域を抱える東京都東部の某区で、地盤が東京湾中等潮位より低いことを表す標識を区役所の玄関先に出すことが提案されたが、「それは格好悪い」と却下された。危険周知よりも、見栄えが大事なようである。区民、来客に対して行政はいかに地盤沈下に苦しんでいるかを知らせ、危険を周知するのは、行政の義務である。

失われた災害文化

古来、わが国はさまざまな災害の経験の積み重ねを経て、それぞれの地域ごとに、災害との闘い方、備え方、住まい方、日常の心構えを伝承し、災害文化を育ててきた。川の流域やしばしば洪水が溢れる土地では、それが住み方、暮し方となっていた。

かつて川縁りの庶民は、川の異変を読みとる鋭い観察眼を持っていた。小川の水位の急激な上昇や濁りによって上流の土砂災害の発生を知り、地滑り地形での山地の樹木や電柱などのわずかな傾きによって本格的地滑りを予知した。また、井戸の水位の急激な上昇や濁りから地下水の異変を察知した。河川技術者は洪水前後の河床の変化を読み取ることによって、河川への理解と愛着を深めていた。また、川からの氾濫流がどのように浸水してきたか、堤防への攻撃状況や堤防の破れる過程を観察して、破堤を防ぐ有効な手段をとったり、氾濫しやすい区域で栽培する農作物を選択していた。

計測技術が進歩した現代、住民はおろか河川技術者の河川観察力も愛着も衰えているのかもしれない。各地の河川の流域では、環境としての河川への愛着を共通に持つ愛好団体が活発に活動している。そのような人々には、川の日常の営みとその変化を、専門家を交えて観察していただきたい。それが現代に災害文化が復活する足がかりとなるに違いない。

水防の伝統

明治以後の近代治水の進展により、河川管理者に治水と利水の責任も預けることになり、住民の治水と利水への直接関与がほぼ失われた。この過程で、地域ごとの洪水対応が相対的に軽視される傾向を生んだ。換言すれば、地域に蓄積されてきた洪水対応の智恵が、国家的治水思想からは十分評価されなくなったのである。

地域の「水防」の伝統は、自分たちの土地を守るために、河川の監視や巡視、洪水時に堤防の安全を守る水防工法を練磨してきた。本来、国家的規模の治水と調和することが望ましい水防の衰退と、地域水防とともに育ってきた災害文化のかげりには一脈通ずるものがある。水防の実務を担っている消防団は現在、団員の高齢化と減少に悩んでいる。その基本的要因は、水防に対する社会的認識が薄くなったことである。河川管理者による治水に、地域の水防思想が組み入れられることが強く望まれる。

流域委員会

一九七〇年代後半から、環境問題が各分野で重大化した。民衆は、水質や河川生態系の危機を、身近の川で感じ取った。

九〇年代には、長良川河口堰反対運動に代表されるように、ダム・堰などの河川計画に対する反対が激化した。住民の意見をどのように河川事業計画に反映するかが、行政にとっても重要な課題となった。一九九七年に河川法が改正され、その第一条(目的)に「河川環境の整備と保全」が加えられ、第一六条の二に、河川管理者が河川整備計画案を作成しようとする際には、必要に応じて、「住民の意見を反映させるために必要な措置を講じなければならない」と定められた。

この法改正を契機として、各河川に流域委員会が設立され、環境の専門家や、河川事業に対して批判を含むさまざまな見解を持つ専門家を委員とすることによって、流域の意見を取り入れることとなった。特に淀川水系流域委員会では、「ダムは原則として建設しない」との発表によって話題を集めた。

河川法改正によって河川事業の進め方は著しい転換を遂げたといえるが、流域委員会の意向を河川事業に具体的にどのように反映するかは容易な問題ではない。流域委員会において、地元に育っていた災害文化を現代風に構築し、育てるのが望ましい。しかし現在の仕組みでは前途は必ずしも楽観できない。現代の災害文化にとって、生まれ出ずる悩みが続いている。

4　水害激化に備える国づくり

防災に関して国を挙げて熱心なオランダでは、アムステルダム空港の一角に、「あなたは今海面下何メートルに立っています」との標識が立てられ、行き交う人々に防災立国を訴えている。海岸堤防を身を挺して守った少年の像が、海岸堤防の傍に立っている。

防災立国のために

防災立国とは、単に防災施設や地域計画の問題ではない。ましてや技術や行政の問題だけではない。災害多発国の総力が問われる厳しい難問である。用意周到な国づくり計画、節々の段階での政治的決断、関係する多くの人々の覚悟が求められる。そもそもインフラ整備は数年単位で考えるのではなく、まず次世代の日本の未来像を描き、修正を加えつつ成就に向かうべきであろう。東日本大震災後にしばしば聞かれた「第二の敗戦」は掛け声だけだったのか。いま、それが問われている。防災を要とした国づくりのマスター・プラン樹立を全国民が決意したのではなかったか。

すべてのインフラ計画は、防災と直結できるものでありたい。港湾や空港を含む主要交通軸、エネルギー網などが、災害に遭った場合に的確に対応してこそ、真の防災国家といえる。

また、災害時の危機管理が重要である。特定地域の個々の災害に止まらず、現代文明の特質ともいうべき複合災害、災害の広域化に備えなければならない。首都に大災害が発生した場合のグローバルな影響に対する危機管理への周到な準備が望まれる。大災害時におけるテロ対策などは、はたしてどの程度検討されているのか。

かつて熱心に行われ、国会でも認められた首都機能移転の議論は、あたかも消え去った印象である。今後の首都防災対策として、新たな観点から、具体的にどの機能をどこへ移転するかを含めて、再検討すべきではないか。

インフラのコスト

防災のための的確な費用支出を惜しんではならない。防災予算を惜しんだために、大災害を受けてその数十倍の費用と人命を失った例は、内外ともに数多い。

わが国は欧米各国と比べ、もともとインフラ整備においていくたの難点を抱えている。南ヨーロッパを除いて大部分のヨーロッパでは地震と津波がほとんどなく、そのための高度な技術や巨額の投資を必要としない。日本では猛烈に激しい雨をもたらす台風や梅雨、それを受ける急流河川、冬の豪雪、火山国特有の脆弱な地質は言うに及ばず、温泉余土《よど》(トンネル工事などを悩ます、火山活動による変質軟粘土)はじめ厄介な地質が多く、急峻な地形と相まって大規模な土砂崩壊が起こりやすい。

交通路については、フランスやドイツなどの国々は平地が多く、おおむね四角な国土の場合、いくつかの中心都市を結ぶネットワークとして整備しやすい。日本は南北に細長く、複数の島から成り、全土を結ぶにはトンネルか橋によって海峡を越えなければならない。山国であり、多数の群小河川を持つゆえに、無数の橋やトンネルを築造する必要がある。われわれはそれが当たり前と考えているため、欧米各国を旅行すると、トンネルも大橋梁もきわめて少ないことを異常に感ずる。

人口や財産が集中している沖積平野は、何万年という長期間にわたって洪水によって運ばれた土砂によって形成された。したがって、ときに大洪水が襲来するのは、一種の宿命である。その水害を軽減するために、特有の技術と多額の治水投資を要する。その誕生の経過からも類推できるように、沖積平野の地下水位は高い。地下水を採水するには都合の好い場合もあるが、いわゆる軟弱地盤のため、地下工事がしにくいという不利がある。

これら悪条件は、防災のための基礎工事としてのインフラ整備に、大きなハンディキャップとなっている。そのインフラ整備のコストを国民総生産などと無条件に比較すると、誤まった判断を下すことになる。

国土計画の課題

第3章に、流域の水害危険度増加によって国土保全に提起される課題を述べた。気候変動の影響は今後一〇〇年以上も続くと予想されるので、その対策は、長期的視野に立たなければならない。それは日本列島の今後数世紀を視野に入れた雄渾な国土計画である。

まず、水源地の国土保全と林業の健全化を両立させるための、一〇〇年先を見据えたグランド・デザインを樹立する。その前提条件として、地籍の完備はもとより、日本の風土条件に適応した大方針をまず定め、それに則った数十年計画の森林政策を定める。戦後の拡大造林のように、当面の財政立て直しに重点を置きすぎた政策であってはならない。世界史を繙けば、森林の荒廃が文明を衰亡させた例は多い。豊かな森林に恵まれた日本の利点を十二分に活かしたいが、長期構想を持たず、当面の事態打開にのみ終始した方策では、国土の三分の二を占める重要な森林がかえって足枷になる恐れがある。

丘陵、台地、沖積平野、デルタ地帯を含む河川の中・下流域は、今後とも日本列島における開発と保全の中枢である。当面の経済発展に偏することなく、都市域を将来襲来する可能性が高い大洪水によっても大打撃を受けないような水害対策の樹立が急がれる。大規模浸水や氾濫を避ける河川事業の実施はもとより、一旦大氾濫した場合の対策を平時から準備しておくことだ。

大河川破堤時の氾濫被害は並大抵ではない。まず犠牲者を可能な限り少なくすることが先決だが、インフラを失って長時間孤立する可能性もけっして小さくはない。その回避のためには、大水害による広域氾濫の経験のない楽観的な大都市住民に日頃から情報を提供し、万一の場合の対処法を伝えておくことだ。

沖積平野においては既存のインフラ、新幹線、高速道路などが破損した場合を含め、避難区域の設定など緊急時にどう対処するか、それらインフラが大河川氾濫の際にプラス・マイナスどのような役割を果たすか、本格的に検討すべきである。高速道路の一部を、韓国などでは臨時の航空機滑走路としている。治水関連施設としては、高層ビルを氾濫時避難施設と想定するなど、災害時における堤防や高速道路などの、避難その他のための応急的利用を日頃から計画し、住民に周知しておくことが考えられる。

氾濫頻度の高い低地や、かつて湖沼や河道であった地域は、まず開発を規制し、それを住民に周知し、これ以上氾濫の際の被害を増加させないことである。

氾濫頻度の多い河川では、洪水流と真正面から対抗するのでなく、河道の傍に、浸水しても重大な被害に至らない水田、浸水に強い果樹などの農地などを遊水地とし、洪水流の一部を引き入れてピークが過ぎ去るまで待つ。気候変動による将来の栽培種目変更などと関連して、長期的には治水政策の新たな発展の一種として位置づけたい。

臨海部については、数十年単位の長期構想を描かねばなるまい。南海トラフ巨大地震に気候変動を加えて、これから日本人はどこにどう住むかが問われている。気候変動による海面上昇は、ジワジワと確実にやってくる。急激ではないが、ノンビリしてはいられない。長期的かつ抜本的対策については直ちに検討を始めるべきである。耐震構造、防潮堤の将来構想は当然必要であるが、日本の海岸全体のあり方を検討すべき段階である。

大津波や高潮の危険度の高い地域からは、相当多数の人々の移転が必要である。少しでも小高い土地を造成するか、高層ビルを避難用として用意すべきである。海岸堤防は強化、老朽化防止以前に、二二世紀以降の海面と人口分布を考慮してその一部はその位置を海から離して再建する。

そのためには、学校教育はもちろん、綿密で説得力ある社会教育を長期間実施し、臨海部の土地利用の重要性への認識を共有する必要がある。

防災立国の条件

防災立国のために、総括として二点を付言したい。国家の土地政策の欠落と、災害ボケしている日本人の危機管理の不備である。

災害に強い国づくりに大きく立ちはだかっているのは、流域ないし全国的視野に立った土地政策の欠除である。それぞれの地域を管轄している各省庁の土地政策にもいくたの課題があるが、それらを束ねる国家としての大方針が見受けられない。山地と森林の地籍の著しい不備、農地における休耕田、増大している耕作放棄地は、もはや農業や農政だけの問題ではなく、日本の土地をどうするかの問題として把握すべきである。海岸にしても、第3章で指摘したように、関連省庁がそれぞれの法と省益に基づいて海岸保全しているが、日本の海岸をどうするかが問われているのである。全流域、山から海までの統一的思想が、国土保全上欠かせない。いずれの問題も、主として当面の経済的動機が先行し、全国土のあり方についての検討は著しく遅れている。

現代は、あらゆる災害に対し、行政依存が高まっている。一九六一年に定められた災害対策基本法で多くの責任を行政が引き受けるとしたことは、その当時としてはそれなりの役割を果たした。その一方では、行政依存を一層高める風潮を助長し、自助・共助の働きを弱めたといえる。それは、民衆の知慧に基づいて災害対応を育ててきた災害文化の凋落と無関係ではない。

ハザードマップなど、災害対応のマニュアル類の整備もまた、一定の役割を果たしつつも、災害を自らの体験として育てる気運を衰退させている。それぞれの地域ごとに、災害対応の知恵を掘り起こし、新たな災害文化を育てることが、このような災害ボケを取り除く道である。

叡智を結集して

河川流域は、上流から河口、沿岸部に至るまで、それぞれ難問を抱えている。水源林と水源地は、国の貧困な土地政策にさらされている。日本の近代化と戦後の経済発展を演出した沖積平野では、知らぬ間に災害ポテンシャルが極度に増大している。同じく高度経済成長の場であった臨海部では、日本人の心の故郷ともいうべき海岸美、品格は失われた。

この国土に気候変動の脅威がじわじわと襲いかかる。人口減少と高齢化によって、二〇年もすると河川上流部などで無人地域が急増する。

日本の川と国土は、かつてない危機を迎えようとしている。東日本大震災は、大災害時代の前触れと受け止めたい。流域を一つの自然と把握したうえで、より安全で住みよい場所にするために、哲学などの人文知をも含め、今こそ叡智を結集しなければならない。

5　景観の劣化の意味するもの

日本の自然美

河川上流部の森林と里山、水田を中心とする農村風景にいろどられていたかつての沖積平野、河口とその周辺の海岸・沿岸にかけての自然美は、自然と日本人との長年の共同事業の文化的および歴史的成果である。

世界にもまれな国土の三分の二を占める森林は、維持管理が不十分でけっして誇れる状況にはない。山を下れば、かつて国土の九パーセントを占めていた緑滴る水田は六・五パーセントに減り、用水路が妙なる農村風景を醸し出していた面影はさらさらにない。各地に休耕田や耕作放棄地が増加しつつあり、農村風景は味気ないものになった。それが農業没落の前触れでなければ幸いである。長大な海岸の各地に見られた海岸美の大半は失われつつある。干潟や砂浜は激減し、白砂青松の風格はもはやほとんど見当たらない。加えて河川から流出する土砂の減少によって、いたるところの河口や海岸は浸食され、海岸美の保全どころではない。

気候変動は、これら不快な現象をいずれも増大させつつある。このまま放置すれば、山地、農地、海岸の景観はいよいよ見すぼらしくなっていくであろう。温暖化によって、個々の農産物の主産地は北東進しつつあり、それに伴う新たな土砂災害が危惧され、長年かけて育成されてきた農村風景を徐々に変え、生態系にも新たな難問を生むであろう。さらに、集中的豪雨が頻発し、猛烈な台風がこれまでと異なる針路を取る傾向が予想され、それらが農地、林地、河川に猛威を振うことが憂慮される。

このような国土景観の劣化は、国土の安全が失われていく前兆である。われわれは、自然の織り成す風景、特に四季の変化を満喫してきた。その微かな変調は、自然界の変調、もしくは自然と人間の関係の不調和によるものであり、自然の微妙なバランスが欠ける兆しと受け止めねばならない。そして、それらはしばしば災害の形を取って襲いかかる。

水の都の蘇生

大都市での水空間の確保は、防災、景観、文化の面で都市に風格を与える。

高度経済成長以後、日本の都市はもっぱら目先の経済的要求に振り回され、同時に水空間は冷遇され、激減してきた。東京でも濠、小川、池がつぎつぎ埋め立てられ、下水道の普及はその傾向に拍車をかけた。水よりは土地が大事となった。水空間を遊ばせては経済的損失とでも思ったのであろう。狂気の沙汰であった。バブル経済のもと、水景観の価値を人々は忘れ去った。水を利用の対象としか考えられなくなったとき、水は氾濫などの異常現象によってわれわれに復讐する。その状況は、東京のみならず大都市を中心に全国に出現している。

かつて江戸は水の都といわれ、東部の下町は、人工の横十間川《よこじっけん》をはじめ、水路が縦横に走り、

図 4-1　数寄屋橋の外堀の埋め立て(『東京百年史』より)

図 4-2　1955 年ごろの日本橋(『東京百年史』より)

多数の舟で賑わっていた。内堀、外堀、溜池などに名を残している、江戸城をめぐる多くの水域が、城下の風情に趣を添えていた。戦後、濠はつぎつぎ埋め立てられ、数寄屋橋《すきやばし》、三原橋《みはらばし》など、なぜ橋の名がつくのか不思議がられ、かつてその橋の下に濠があったことさえ知らぬ人の方が多くなった(図4-1)。

一九六四年の東京オリンピックの直前には、東海道の起点であり、日本の交通網の元締めともいうべき日本橋(図4-2)と日本橋川は、高速道路の眼下となった。アジアで最初のオリンピック、敗戦により焦土と化した国土からの復興を世界に見事に見せつけた快挙の影に、いくたの犠牲が払われたことを示す一光景である。高速道路の整備は当時火急の事業であり、オリンピック開催に間に合わせることに意味があった。日本橋の場合はやむをえぬ当面の措置であり、いずれ時機がくれば、由緒ある日本橋を見下しながら毎日何万台もの車が走る無礼はやむであろうと、筆者は勝手に考えていた。

日本橋に敬意を表して、青空を背景とした景観を取り戻すことは、江戸の中心であった日本橋文化を守り、日本の首都の尊厳を保つことでもある。もし次に東京オリンピック開催の機会があれば、前回犠牲となった日本橋などを回復し、日本人の品格を復元することを切に期待する(本章扉)。

春の小川

有名な唱歌「春の小川」は大正元年、高野《たかの》辰之《たつゆき》によって作詞された。彼が散策を好んでいた春の小川は、東京の渋谷川の支流、宇田川の上流部の河骨《こうほね》川であり、そして渋谷川の水源は、新宿御苑や明治神宮の池である。ＮＨＫの西門近くをかつて流れていた渋谷川は、現在では渋谷駅までほとんど暗渠化され、雨水はすべて下水道に任せられている。渋谷駅近くでは、この川は東急百貨店の地下を流れ、東急東横線代官山駅近くでようやく地上に出る。その出口近くで、落合水再生センターで処理された水が毎秒一・五立方メートル流入され、渋谷川の水量を満たし、水質を向上させている。「春の小川」が詠まれた代々木五丁目には歌碑が立っているが、昔ののどかな風景を想像するのは難しい。

この川の一部でも地上に戻したいものだ。暗渠化に伴い整備を行った下水道行政にとっては不満かも知れないが、下水道を排して都市小河川を復活した例は、ヨーロッパ都市では珍しくない。川の復権は、都市に水文化の香りを戻す有力な手段である。地上に「春の小川」を戻せるならば、渋谷川上流の水景観は一変する。ほんの一部でも地上に生き返った川辺を都民が散歩できるようになれば、東京オリンピックの犠牲が少しでも復活できる。

大都市の小河川や水路の地下化が、技術を謳歌した近代化の象徴であるかのように思わせた高度経済成長の論理こそが、反自然、反人間的であったのである。自然との共生とは、都市における人間と自然との冷え切った関係から脱却し、都市に自然を蘇らすことである。日本橋の尊厳と、「春の小川」という都会の自然の復帰が実現すれば、東京はきわめて現代的な社会資本を再生した首都として、新しい価値観を生み出し、それが他の都市に自然を回復する契機となるに違いない。

あとがき

第二次大戦直後から高度経済成長期の日本を立て続けに襲ったような大水害は、しばらく影を潜めている。しかし最近の水害には、従来とは異なる新たな傾向が見られる。短時間に都市を局部的に襲う豪雨の頻発や、進路や動きの異なる台風が目立つ。

過去半世紀の国土開発、とくに激しかった都市化の過程を振り返ると、これから進行する人口減少、とくに都市部以外での急速な人口減少の中で、防災施設や治水対策の見直しが求められる。今後半世紀の人口動態と土地利用の変化もまた、水害をはじめとする災害の様相を大きく左右するであろう。加えて気候変動による水害の拡大や水利用への影響は必至である。また島国日本にとって、海面上昇の脅威はすでに現実のものと見なければならない。

水害対策の基本は、河川流域を一体として把握し、長期的な視野に立つことである。山林がほとんどを占める水源地域、中下流の沖積平野やデルタ、そして河口周辺の海洋に至るまで、〝流域は一つ〟である。行政の縦割りによる弊害はもとより、土地政策のあり方など、より本質的な課題が横たわっている。

水害への対策として、堤防やダムなど、河川構造物が強調されることが多い。しかし治水の要諦は、川およびその流域の自然と人間の共生である。川に親しむ文化が復活することを願う。

本書をまとめるに際しては、多くの専門家諸氏、文献などに教えていただいた。一部を本文中で紹介したほか、主要な文献を巻末に掲載した。

とくに次の方々には感謝申し上げる。一般財団法人土木研究センター常務理事宇多高明さん、公益財団法人東京財団研究員吉原祥子さん、国土交通省水管理・国土保全局河川計画課長池内幸司さん、そして天竜川河口周辺をご案内いただいた盛谷明弘さん(当時国土交通省浜松河川国道事務所長、現青森河川国道事務所長)である。

岩波書店の千葉克彦さんには、企画段階からまとめに至るまで読者の目に徹した多くの助言をいただいた。深くお礼申し上げる。

二〇一二年八月

高橋　裕

参考文献

松田磐余『江戸・東京地形学散歩——災害史と防災の視点から』之潮、二〇〇八

高橋裕『国土の変貌と水害』岩波新書、一九七一

大石久和『国土と日本人——災害大国の生き方』中公新書、二〇一二

土木学会誌編集委員会編『火山噴火に備えて——富士山噴火はいつ』土木学会誌叢書、二〇〇五

上前淳一郎『複合大噴火——一七八三年夏』文藝春秋、一九八九

水谷武司『平成二〇年度水資源・水災害危機に関する調査研究成果報告書』第一・三章、資源協会、二〇〇九

——『自然災害の予測と対策——地形・地盤条件を基軸として』朝倉書店、二〇一二

島陶也「海岸の復讐——近代からポスト近代の国土へ」月刊建設オピニオン、二〇一〇年二月号

高橋和雄・高橋裕『クルマ社会と水害——長崎豪雨災害は訴える』九州大学出版会、一九八七

『東海道本線富士川橋りょう対策技術委員会報告書』日本鉄道施設協会、一九八三

石弘之『私の地球遍歴——環境破壊の現場を求めて』講談社、二〇〇二

太田誠一編『森林の再発見』京都大学学術出版会、二〇〇七

谷誠(代表)『森林流域の水循環に関する論文・報告再録集』三井物産環境基金、二〇一二

蔵治光一郎・保屋野初子編『緑のダム』築地書館、二〇〇四
東京財団『日本の水源林の危機――グローバル資本の参入から「森と水の循環」を守るには』二〇〇九、『グローバル化する国土資源(土・緑・水)と土地制度の盲点――日本の水源林の危機Ⅱ』二〇一〇、『グローバル化時代にふさわしい土地制度の改革を――日本の水源林の危機Ⅲ』二〇一一、『失われる国土――グローバル時代にふさわしい「土地・水・森」の制度改革を』二〇一二
(注:右は政策シンクタンク公益財団法人東京財団による、詳細な裏づけ資料に基づいた政策提言)
山田健『水を守りに、森へ――地下水の持続可能性を求めて』筑摩書房、二〇一二
中央防災会議『大規模水害対策に関する専門調査会報告――首都圏水没~被害軽減のために取るべき対策とは』二〇一〇
池内幸司・越智繁雄・安田吾郎・岡村次郎・青野正志「大規模水害時の氾濫形態の分析と死者数の想定」「大規模水害時における孤立者数・孤立時間の推計とその軽減方策の効果分析」『土木学会論文集B1(水工学)』第六七巻第三号、二〇一一
池内幸司『大規模水害時における人的被害等のリスク評価と被害軽減方策の効果分析に関する研究』東京大学博士論文、二〇一一
新田次郎『怒る富士』文藝春秋、一九七四
宇多高明『海岸侵食の実態と解決策』山海堂、二〇〇四
宇野木早苗『流系の科学――山・川・海を貫く水の振る舞い』築地書館、二〇一〇

――『河川事業は海をどう変えたか』生物研究社、二〇〇五
松本健一『海岸線の歴史』ミシマ社、二〇〇九
片田敏孝『人が死なない防災』集英社新書、二〇一二
萱野稔人・神里達博『没落する文明』集英社新書、二〇一二
『水資源・水災害危機に関する調査研究成果報告書』資源協会、二〇〇九(平成二〇年度版)、二〇一〇(平成二一年度版)

高橋 裕

1927年静岡県に生まれる
1950年東京大学第二工学部土木工学科卒業
現在—日仏工業技術会会長，東京大学名誉教授
専攻—河川工学
著書—『国土の変貌と水害』『都市と水』『地球の水が危ない』(以上，岩波新書)，『新版 河川工学』(東京大学出版会)，『現代日本土木史』(彰国社)，『川から見た国土論』(鹿島出版会) ほか

川と国土の危機 水害と社会　　岩波新書(新赤版)1387

2012年9月20日　第1刷発行

著　者　高橋《たかはし》 裕《ゆたか》

発行者　山口昭男

発行所　株式会社 岩波書店
〒101-8002 東京都千代田区一ツ橋 2-5-5
案内 03-5210-4000　販売部 03-5210-4111
http://www.iwanami.co.jp/

新書編集部 03-5210-4054
http://www.iwanamishinsho.com/

印刷・三陽社　カバー・半七印刷　製本・中永製本

ISBN 978-4-00-431387-8　　Printed in Japan

岩波新書新赤版一〇〇〇点に際して

ひとつの時代が終わったと言われて久しい。だが、その先にいかなる時代を展望するのか、私たちはその輪郭すら描きえていない。二〇世紀から持ち越した課題の多くは、未だ解決の緒を見つけることのできないままであり、二一世紀が新たに招きよせた問題も少なくない。グローバル資本主義の浸透、憎悪の連鎖、暴力の応酬――世界は混沌として深い不安の只中にある。

現代社会においては変化が常態となり、速さと新しさに絶対的な価値が与えられた。消費社会の深化と情報技術の革命は、種々の境界を無くし、人々の生活やコミュニケーションの様式を根底から変容させてきた。ライフスタイルは多様化し、一面では個人の生き方をそれぞれが選びとる時代が始まっている。同時に、新たな格差が生まれ、様々な次元での亀裂や分断が深まっている。社会や歴史に対する意識が揺らぎ、普遍的な理念に対する根本的な懐疑や、現実を変えることへの無力感がひそかに根を張りつつある。そして生きることに誰もが困難を覚える時代が到来している。

しかし、日常生活のそれぞれの場で、自由と民主主義を獲得し実践することを通じて、私たち自身がそうした閉塞を乗り超え、希望の時代の幕開けを告げてゆくことは不可能ではあるまい。そのために、いま求められていること――それは、個と個の間で開かれた対話を積み重ねながら、人間らしく生きることの条件について一人ひとりが粘り強く思考することではないか。その営みの糧となるものが、教養に外ならないと私たちは考える。歴史とは何か、よく生きるとはいかなることか、世界そして人間はどこへ向かうべきなのか――こうした根源的な問いとの格闘が、文化と知の厚みを作り出し、個人と社会を支える基盤としての教養となった。まさにそのような教養への道案内こそ、岩波新書が創刊以来、追求してきたことである。

岩波新書は、日中戦争下の一九三八年一一月に赤版として創刊された。創刊の辞は、道義の精神に則らない日本の行動を憂慮し、批判的精神と良心的行動の欠如を戒めつつ、現代人の現代的教養を刊行の目的とする、と謳っている。以後、青版、黄版、新赤版と装いを改めながら、合計二五〇〇点余りを世に問うてきた。そして、いままた新赤版が一〇〇〇点を迎えたのを機に、人間の理性と良心への信頼を再確認し、それに裏打ちされた文化を培っていく決意を込めて、新しい装丁のもとに再出発したいと思う。一冊一冊から吹き出す新風が一人でも多くの読者の許に届くこと、そして希望ある時代への想像力を豊かにかき立てることを切に願う。

（二〇〇六年四月）

岩波新書/最新刊から

1376 **コロニアリズムと文化財** ―近代日本と朝鮮から考える― 荒井信一著

略奪か、合法的取得か――。国家間、民族間問題のネックといえる文化財の所属を、世界の最新の動きも紹介しつつ考える。

1377 **非アメリカを生きる** ―〈複数文化〉の国で― 室謙二著

最後のインディアン「イシ」やマイルス・デイヴィスらのポートレートを通じて、自らが連なる「非アメリカ」的文化の系譜をさぐる。

1378 **テレビの日本語** 加藤昌男著

テレビが流し続けた「ことば」が日本語をやせ細らせてしまったのではないか。ニュースのことばを中心にテレビの日本語を検証する。

1379 **四季の地球科学** ―日本列島の時空を歩く― 尾池和夫著

地震と噴火は日本列島を生み出し、今も刻々とその相貌を変えている。日本列島が育った数億年の時空を歩き、自然の恵みを愉しむ。

1380 **ブラジル 跳躍の軌跡** 堀坂浩太郎著

民主化、女性大統領の誕生、GDP世界6位――。この四半世紀に劇的な変化を遂げたブラジルの歩みをたどり、その実相に迫る。

1381 **歴史のなかの大地動乱** ―奈良・平安の地震と天皇― 保立道久著

奈良・平安の世を襲う自然の災厄。天皇たちはそこに何を見たか。地震噴火と日本人との関わりを考える、歴史学の新しい試み。

1382 **女ことばと日本語** 中村桃子著

日本社会の価値や規範が埋め込まれてきた「女ことば」をめぐる言説を、多様な資料と言語学の知見から読み解く。

1383 **適正技術と代替社会** ―インドネシアでの実践から― 田中直著

地球の未来に必要なのは、途上国の状況に適した適正技術である。長年の実践をふまえて、今後の技術と代替社会の方向性を探る。

(2012.9)